Fêtes et rites agraires en Europe

Métamorphoses ?

Collection Ethnologie de l'Europe

dirigée par Jocelyne Bonnet

La collection a pour but de porter témoignage sur le vécu culturel des Européens, à partir de faits collectés, de documents croisés et de comparaisons révélant continuité et transformations.

Collaborent à cette collection des universitaires et des chercheurs francophones de nombreux pays d'Europe.

Sous la direction de
Jocelyne BONNET et Laurent Sébastien FOURNIER

Fêtes et rites agraires en Europe
Métamorphoses ?

Avec la collaboration de
Euphrosyne Egoumenidou et Vassos Karageorghis

Ouvrage publié avec le concours de
l'Université Paul Valéry (Montpellier III)

L'Harmattan
5-7, rue de l'École-Polytechnique
75005 Paris
FRANCE

L'Harmattan Hongrie
Könyvesbolt
Kossuth L. u. 14-16
1053 Budapest

L'Harmattan Italia
Via Degli Artisti, 15
10124 Torino
ITALIE

ISBN : 2-7475-7057-6
EAN : 9782747570572

Sommaire

En hommage à Djurdjica Petrovic, professeur d'histoire et d'ethnologie à l'Université de Belgrade, qui a accompagné fidèlement et efficacement les travaux d'Eurethno jusqu'à sa mort.

Avant-propos

Jocelyne BONNET
Université Montpellier III

Cet ouvrage publie les communications consacrées aux « Fêtes et rites agraires, rétrospective d'un siècle » présentées au cours du XIIIe Atelier Eurethno, organisé à Nicosie à la Fondation Leventis en 1999 par les professeurs Vassos Karageorghis et Euphrosyne Egouménidou de l'Université de Chypre.

Eurethno, créé en 1988 par Jocelyne Bonnet, professeur d'ethnologie européenne à l'Université Montpellier III, est un réseau francophone de coopération scientifique en ethnologie et historiographie européennes. Il a pour but de favoriser les rencontres scientifiques et les échanges entre universitaires et chercheurs de l'Europe entière. Pour cela, il organise annuellement, depuis sa fondation, des journées d'études comparées, sous forme de séminaires intensifs thématiques, les Ateliers.

Le réseau Eurethno est membre de la Fédération Européenne des Réseaux de coopération scientifique et technique (F.E.R.) du Conseil de l'Europe.

Le manque de signes diacritiques a empêché les translittérations nécessaires dans certains articles. Le lecteur voudra bien nous en excuser.

Les textes publiés sont sous l'unique responsabilité de leurs auteurs.

Les textes ont été réunis, les traductions révisées et les résumés rédigés par Laurent Sébastien Fournier dans le cadre de l'équipe de recherche « Mentalités et croyances contemporaines » (Univ. Montpellier III).

Préface

Laurent Sébastien FOURNIER
Université Montpellier III

Le présent recueil rassemble quatorze contributions de spécialistes francophones, pour la plupart européens, dans le champ de l'ethnologie européenne ou du folklore. Il fait suite au vœu des responsables du réseau PACT-Eurethno (réseau de coopération scientifique et technique en ethnologie et historiographie européennes, Fédération Européenne des Réseaux du Conseil de l'Europe, Strasbourg) d'éditer les actes d'un colloque récent, qui témoigne de la vitalité des études dans ce domaine.

Depuis sa création en 1988, le réseau PACT-Eurethno a organisé une quinzaine d'ateliers, qui ont mis en place un ensemble d'approches comparatives consacrées à la culture européenne, notamment à travers la thématique des « temps de l'Europe ». Les fêtes saisonnières européennes se sont naturellement imposées comme un objet d'étude particulièrement adapté dans le cadre de cette thématique.

Trois colloques ont été spécifiquement consacrés par le réseau aux fêtes et aux rites européens. Ils concernent respectivement :

- la question des divisions calendaires de l'espace-temps saisonnier européen, à travers l'étude empirique des fêtes et des rites, et à travers une approche théorique de ces deux dernières notions[1],
- les fêtes religieuses familiales, et en particulier Noël et Pâques[2],

- les fêtes agraires et thématiques, les rythmes saisonniers et les enjeux commerciaux ou identitaires de fêtes axées sur les cycles de production de produits agricoles[3].

Comme les questions des divisions calendaires et des fêtes religieuses familiales font sens par elles-mêmes, elles donneront lieu à l'édition d'un volume séparé. Dans le présent volume sont rassemblées les contributions concernant les problématiques liées aux « fêtes agraires ».

Pour introduire cet ensemble de textes, nous montrerons d'abord quelles ont été les difficultés pour les rassembler, puis nous verrons quelles sont les logiques d'analyse qui y ont présidé, enfin nous présenterons synthétiquement les deux parties principales qui composent le recueil.

1 : Difficultés rencontrées.

La difficulté principale a été de juger l'ensemble des travaux à l'aune d'une grille commune de compréhension critique. Malgré les travaux préalables qui avaient permis de confronter sérieusement les différents types d'approches méthodologiques propres au folklore et à l'ethnologie européenne[4], les auteurs restent forcément tributaires de leurs formations respectives. Or, on ne pratique pas la même ethnologie en Roumanie et en Espagne, en Grèce et en Allemagne. Les textes rassemblés ici sont en conséquence très différents les uns des autres, tant par les sujets qu'ils se proposent de traiter que par les méthodes qu'ils appliquent. Aussi, il est à craindre que, loin de concourir à l'élucidation d'une problématique commune, ces textes apparaissent au public scientifique français comme un ensemble de documents parfois disparates, et puissent être critiqués comme tels.

Mais cette faiblesse cache néanmoins des atouts. Celui d'abord de proposer un véritable regard comparatiste concernant des questions classiques et maintes fois débattues relatives aux cultures européennes, celui ensuite de mettre en évidence l'unité et la pérennité de certaines problématiques de recherche concernant le temps et l'espace européens, celui enfin de projeter le lecteur de manière immédiate au cœur d'un ensemble de discours ethnologiques inscrits dans des traditions nationales spécifiques. Pour peu que le lecteur veuille bien contextualiser la lecture de chaque contribution et relier les textes à l'histoire des sciences sociales dans chaque nation européenne, il aura alors accès à un panorama irremplaçable de discours savants sur la culture en Europe.

Une autre difficulté, connexe, qui apparaît à la lecture de ces documents d'ethnologie, renvoie au fait que certains auteurs préfèrent se concentrer sur les vestiges d'une civilisation agro-pastorale traditionnelle plutôt que de chercher à caractériser les processus actuels qui affectent les rites et modifient leurs fonctions. Une vision évolutive ou diachronique des rites est souvent présente chez les auteurs, mais elle occupe rarement le devant de la scène. Autrement dit, le contexte de la revitalisation moderne des rites traditionnels n'est pas toujours pris en compte dans sa complexité dialectique[5]. Mais, là encore, cette carence de réflexions sur la nature processuelle du changement est largement contrebalancée, nous semble-t-il, par l'attention remarquable portée par la plupart des documents à la description précise des faits ethnographiques.

Une dernière difficulté tient à la présence récurrente des problématiques du sens dans les textes présentés. Alors que la recherche du sens général des rites a le plus souvent été évacuée des méthodes d'analyses des principales écoles anthropologiques françaises au profit d'une étude post-structuraliste des rapports des éléments rituels entre eux, on est frappé ici par le souci de plusieurs documents de renvoyer les rituels festifs à une certaine transcendance. Des arguments naturalistes, psycho-sociologiques, fonctionnalistes, épaulent encore très souvent les interprétations, celles des phénomènes magico-religieux en particulier. Cette manière de renvoyer les faits concrets à une transcendance interprétative, ou encore à une permanence historique, ne manquera pas de choquer le lecteur habitué à plus de prudence dans les conclusions des chercheurs. Elle est pourtant représentative d'une tradition intellectuelle solide et répandue, qui ne présume pas forcément de penchants idéologiques, et qui mérite selon nous d'être illustrée à ce titre.

Finalement, les problèmes qui se sont posés quant à la pertinence de ces méthodes d'analyse des faits sociaux sont surmontés si l'on veut bien considérer les documents présentés pour ce qu'ils sont : des exemples représentatifs de recherches ethnologiques en Europe, émanant d'universitaires qui n'ont pas toujours été confrontés aux déconstructions et aux reconstructions épistémologiques opérées notamment sous l'influence des structuralistes ou de leurs successeurs. Le lecteur critique, attentif à la pluralité des formations et des traditions disciplinaires, n'aura pas de mal à relativiser les positions des auteurs et à considérer leurs contributions comme des documents utiles pour approcher le savoir des Européens concernant leurs propres fêtes et rites.

2 : Logiques d'analyse.

En choisissant de faire fi des difficultés épistémologiques et de rassembler des textes dont la valeur est essentiellement documentaire, notre analyse des problématiques liées aux fêtes agraires européennes a suivi des logiques spécifiques. Pour bien comprendre ces logiques, on peut rappeler rapidement comment un ensemble de sources et de méthodes disponibles pour l'étude des fêtes a imposé la problématique et le plan du présent recueil.

Les faits sociaux qu'analysent les documents présentés ici ont acquis une incontestable légitimité dans le champ des études culturelles, folkloriques ou ethnologiques en Europe. Depuis les théories des historiens des religions et des anthropologues du dix-neuvième siècle[6], jusqu'aux faits recueillis par les folkloristes au vingtième siècle[7], les fêtes et les rites agraires des paysanneries européennes ont fait l'objet d'approches qui en ont envisagé d'abord l'unité, puis la diversité, jusqu'à les poser en topiques reconnus des recherches en sciences humaines.

Les premiers essais de compréhension de cet ensemble de faits ont tenté de les rapporter à des interprétations générales. L'ensemble des fêtes agraires est alors mis en relation avec l'hypothétique survivance d'un « culte de la végétation »[8] ou d'un culte des « esprits du blé »[9]. Cette hypothèse, organiciste et naturaliste, d'une origine primitive, païenne et unitaire des cultes agraires européens, a connu un écho durable chez de nombreux chercheurs[10], malgré les critiques qui peuvent facilement lui être adressées. Par exemple, *le Manuel de folklore français contemporain* d'Arnold Van Gennep (1943-1953) a montré très tôt comment l'extrême diversité des coutumes exigeait que l'on fût attentif à bien distinguer les étapes de leur formation. La recherche de l'origine a ainsi été remplacée par une compréhension pragmatique des variantes des rites, qui préfère insister sur les fonctions de ces derniers plutôt que sur leur nature.

Plus récemment, la réflexion sur les fêtes et les rites agraires en Europe a été intégrée à des études plus générales concernant les fêtes. Les analyses théoriques du Carnaval, ainsi, ont souvent compris celui-ci comme un rite magique à vocation agraire, lié au renouveau printanier et à l'expulsion des forces mauvaises de l'hiver[11]. Des ouvrages généraux ou de vulgarisation ont renforcé cette vision, en relayant les interprétations générales des anciens savants et en proposant pour les rites agraires le même type d'analyse en termes d'unité et de permanence[12]. En fait, alors même que l'analyse générale des fêtes faisait de grands progrès en proposant des théories structuralistes du jeu ou des rites[13], ou en s'intéressant aux enjeux sociaux ou politiques des phénomènes[14], il semble que le dossier des fêtes agraires européennes ait peu été travaillé en profondeur et soit surtout resté l'apanage des folkloristes ou des vulgarisateurs.

Cette remarque doit pourtant être nuancée, car des exceptions notables attestent de la possibilité d'une approche fine et dynamique des fêtes agraires en Europe. Dès 1977, Patrick Champagne[15] publie un article qui analyse une fête agraire non en termes de signification rituelle, mais plutôt comme un spectacle que la communauté villageoise paysanne se donne à elle-même. La particularité de cette étude vient de ce qu'elle concerne une fête « à l'ancienne » reconstituée par les villageois en dehors du contexte de production agricole. L'auteur saisit à cette occasion les intentions sociales spécifiques qui président à la reconstitution concertée des coutumes traditionnelles.

Dans le même sens, le recueil d'articles intitulé *Revitalizing European rituals*, présenté par Jeremy Boissevain (1992), s'intéresse non pas aux rites festifs dans leur continuité, mais à leur revitalisation dans le cadre d'une néo-ruralité attentive à faire vivre les cultures locales et régionales. Les fêtes agraires sont appréhendées à travers une typologie des formes selon lesquelles les organisateurs décident de les relancer, pour des motifs à la fois politiques, économiques, sociaux et symboliques.

Pourtant ces tentatives, soucieuses de saisir au mieux les processus actuels de transformation des fêtes, ne sont pas toujours attentives à la spécificité des dossiers que les historiens des religions et les folkloristes avaient ouverts. Les fêtes et les rites agraires européens nous semblent engager ainsi des éléments qui dépassent l'analyse sociologique en termes d'intentionnalité des acteurs ; ils ont recours à des figures de l'imaginaire pérennes qui peuvent être étudiées en tant que telles dans une perspective comparative et diachronique. Mais ces figures doivent aussi être pensées en relation avec des projets actuels, économiques, politiques ou culturels, de mise en valeur des rythmes saisonniers traditionnels.

Ainsi, alors même que la fête est devenue un objet social bien connu, il manquait un recueil d'études comparées pour rafraîchir les travaux des folkloristes classiques et donner une idée de leur devenir en Europe. Au gré des contributions qui suivent, on verra dans quelle mesure les problématiques actuelles – concernant l'usage social moderne des rituels festifs traditionnels – sont assimilées par un ensemble d'universitaires européens francophones.

Le caractère ancien de l'objet de recherches ainsi choisi pousse à être particulièrement attentif aux méthodes utilisées. Depuis la distinction bipolaire que faisait Durkheim dans ses *Formes élémentaires de la vie religieuse* (1912) entre célébration et divertissement, les méthodes d'analyse des fêtes ont beaucoup évolué. Sur le plan de la théorie, la pureté des types et des modèles a été remise en question et la compréhension binaire proposée par Durkheim a été abandonnée[16]. Cet abandon de la fête conçue comme un « idéal-type »[17], qui correspond à la situation de la fête comme objet-limite en anthropologie, s'est soldé par un intérêt accru pour les études ethnographiques, descriptives et empiriques[18]. Ce recueil, généralement, privilégiera ainsi une approche des fêtes comme objets concrets, à partir d'un comparatisme ethnologique et historique appuyé, à travers des études de cas sélectionnés dans toute l'Europe, sur des occasions rituelles et festives et sur des contextes religieux variés.

Malgré la diversité d'approches impliquée par ce parti-pris ethnographique, l'ensemble des documents peut s'ordonner autour d'une hypothèse principale, dont découle la problématique générale du recueil. L'hypothèse qui a présidé aux travaux des membres du réseau PACT-Eurethno dont les résultats sont ici réunis revient à penser que malgré le fait que les dates des rites agraires sont sujettes à variation à travers l'Europe, un rythme européen existe bel et bien. Ce rythme général, qui fait alterner des périodes fastes et d'autres néfastes, correspondrait à la fois à un contexte culturel, celui du calendrier, et à un contexte naturel, celui des travaux agraires[19].

Dès lors, la problématique est simple : il s'agit de comprendre comment les rituels festifs européens peuvent être saisis à travers cette tension entre contexte culturel et contexte naturel, et comment ils évoluent et se « métamorphosent »[20] progressivement en fonction des changements sociaux, économiques ou politiques environnants. Il s'agit donc d'exposer d'une part des données relatives aux calendriers anciens, basés sur des périodes remarquables, sur deux saisons majeures et opposées et sur des cycles de production agricole, et d'autre part des données concernant les calendriers modernes, axés sur une exploitation commerciale des thèmes liés à l'agriculture et au terroir et sur des volontés liées au développement économique ou à la valorisation des identités. Ainsi, les fêtes agraires européennes nous semblent répondre à deux types d'impératifs : respecter des rythmes saisonniers d'une part, correspondre à des enjeux renouvelés d'autre part.

Pour illustrer cette problématique avec le maximum de clarté, le plan du recueil s'ordonne de la manière suivante : nous irons des approches les plus classiques des calendriers agraires traditionnels à celles qui prennent le plus en compte les usages modernes des traditions rituelles et festives, de manière à obtenir un panorama rétrospectif des pratiques liées aux fêtes et aux rites agraires en Europe. En même temps, nous essaierons d'aller des fêtes agraires proprement dites aux fêtes qui utilisent des éléments issus de fêtes agraires anciennes. Nous avons donc décidé de classer les textes en deux groupes : le premier se rapporte aux représentations traditionnelles des rites agraires européens ; le second étudie les usages d'éléments agraires à travers des rites contemporains.

Dans ce parcours, les auteurs utilisent des méthodes très variées. Les descriptions ethnographiques s'appuient le plus souvent sur le témoignage d'informateurs, mais aussi sur des travaux d'étudiants ou sur des modèles théoriques. La parémiologie et la littérature orale sont parfois mises à contribution. Les observations empiriques sont croisées par des sources savantes et confrontées aux regards de chercheurs des générations précédentes.

Pour ce qui concerne les objets analysés, il faut noter la récurrence de certaines thématiques. La plupart des auteurs mettent en avant les manières dont les rites festifs gardent un rapport général au monde du sacré. Les périodes alternées qui structurent le cycle des fêtes agraires voient ainsi se succéder des interdits coutumiers et des pratiques divinatoires, qui se servent magiquement d'éléments comme l'eau ou le feu et mettent en scène des protagonistes dont l'âge et le sexe sont jugés significatifs d'un rapport privilégié avec des forces liées à la prospérité et à la fécondité. Axés sur ces pratiques magiques et ces tabous, les moments clefs du cycle agraire annuel sont marqués aussi par la préparation de mets cérémoniels spécifiques, par des déambulations rituelles, par des jeux, et par le rassemblement des populations autour d'objets symboliquement connotés comme par exemple les couronnes de fin de moisson.

Finalement, l'ensemble des documents présentés sert à vérifier l'hypothèse de l'existence d'un rythme européen des fêtes et des rites agraires. Ce rythme, structurellement homogène bien qu'appuyé sur des dates variables, est basé sur des données à la fois naturelles et culturelles. Il n'en est pas moins instrumentalisé, mis au service de causes économiques, sociales, politiques, qui en modifient constamment les enjeux et obligent à le relativiser dans les discours actuels concernant le développement ou l'identité.

3 : Présentation des documents.

Les textes de la première partie prennent en compte un ensemble d'éléments précis qui se rapportent aux rites agraires traditionnels. Il ne s'agit pas seulement de mettre en évidence l'influence de la culture agro-pastorale sur l'organisation générale du cycle annuel, mais aussi de comprendre comment les cycles de production des produits agricoles sont à l'origine de cycles d'actions rituelles périodisées qui ont des enjeux économiques et sociaux spécifiques. Il est significatif de remarquer ici la prééminence de la référence au cycle des céréales, qui intervient dans la plupart des articles. On est donc placé d'emblée en continuité avec les thèmes de prédilection des travaux des folkloristes et des historiens des religions. Les travaux qui concernent les produits céréaliers permettent, principalement à partir d'exemples venus de l'Est de l'Europe, de réactualiser ce dossier très classique, en même temps qu'ils témoignent de la vitalité extraordinaire des problématiques folkloriques que les auteurs revisitent. Deux textes permettent ensuite d'aller vers une analyse plus générale, en introduisant les cas de l'olivier, de la vigne et de la châtaigne, tout en restant attachés aux sociétés de la tradition et à une approche qui laisse une large part au symbolique. Enfin, le cas des fêtes de Saint-Jean est abordé à travers deux textes très différents qui rappellent que les fêtes les plus classiques sur le plan de l'organisation saisonnière et symbolique n'en sont pas moins porteuses d'enjeux renouvelés.

Avec ce groupe d'articles, nous accédons à une vision classique des représentations et des rites agraires européens, qui revisite les travaux des folkloristes et montre comment les divisions calendaires sont appuyées sur les cycles de production des produits agricoles. Même si la modernisation, au vingtième siècle, a changé la fonction ou le sens des rites en leur donnant notamment de nouveaux enjeux économiques et sociaux, on se rend compte ici de la permanence de certains éléments qui permettent d'expliquer la généralité des phénomènes liés aux fêtes agraires. Pourtant, les analyses en termes d'unité et de permanence se heurtent à la réalité de changements divers, qui poussent à s'interroger sur les usages contemporains variés d'éléments issus de rites agraires traditionnels.

Les contributions de la seconde partie sont moins ouvertement axées sur les rites agraires européens traditionnels. Plutôt que de s'intéresser à la question folklorique des traces ou des survivances d'une société paysanne, fut-ce avec des préoccupations diachroniques ou critiques concernant leurs enjeux nouveaux, les textes de ce groupe prennent acte d'un changement de contexte radical et tentent de voir clair à travers les multiples usages qui sont faits de la tradition et des éléments agraires traditionnels dans les fêtes européennes actuelles. On a affaire successivement à des fêtes reconstituées qui utilisent les éléments de fêtes agraires anciennes, à des fêtes du cycle annuel ou du cycle de vie qui utilisent la symbolique des éléments agraires, à des fêtes qui changent de sens sous le poids des évolutions économiques, à des fêtes contemporaines qui remplacent une céréale par d'autres, à des fêtes folklorisées qui utilisent les produits de la terre à des fins de valorisation identitaire, à des fêtes non agraires qui utilisent malgré tout des éléments agraires, à des fêtes agraires prises dans une évolution séculaire qui les rend perméables au changement social.

A travers cet ensemble d'articles, on peut ainsi se rendre compte de l'extrême diversité des problématiques soulevées par les fêtes et les rites agraires en Europe. Au-delà des jeux et des pratiques associés aux moments charnières des activités agricoles dans le monde de la tradition paysanne européenne, des éléments de fêtes agraires sont susceptibles d'être réinvestis de significations nouvelles et d'être refondus dans le cadre de fêtes qui sont moins strictement associées au monde agro-pastoral et dont les enjeux économiques se renouvellent. Ainsi, des éléments des rites agraires peuvent prendre valeur de spectacle pour illustrer des discours sur l'archaïsme paysan, ou acquérir une fonction de référent identitaire en étant couplés avec des fêtes votives ou associés aux rites qui ponctuent le cycle de vie. Les produits eux-mêmes, dans le contexte d'une modernité qui s'invente volontiers des traditions, peuvent être investis de sens nouveaux ou se prêter à des valorisations qui les intègrent à une culture régionale ou à des folklores locaux. Enfin, l'imaginaire associé aux rites agraires est défini aussi par les populations urbaines environnantes, qui les découvrent et s'en distinguent. On a ainsi la preuve que le cycle des rites agraires traditionnels, loin d'être limité aux rapports des hommes à la nature, repose sur les rapports des hommes entre eux et doit être rapporté à une multiplicité d'usages à chaque fois spécifiques, qui engagent à la fois des rythmes saisonniers ancestraux et des enjeux plus actuels.

Finalement, le présent recueil offre au lecteur une brassée de documents éclectiques, de niveaux scientifiques sans doute inégaux, mais qui permet d'aller vers une meilleure connaissance des manières multiples dont les nombreuses écoles de folklore et d'ethnologie européenne choisissent de traiter des sujets relatifs aux fêtes et aux rites agraires en Europe. L'espoir que nous pouvons formuler dans ces conditions est alors que chacun parvienne à renouveler ses propres interprétations en prenant acte des résultats des recherches les plus actuelles, tout en restant conscient de l'assise historique des traditions intellectuelles qui ont mis en place des méthodes rigoureuses d'observation ethnographique. C'est sans doute à cette condition, en conservant une pensée analytique et critique et en refusant le cercle interminable des déconstructions et des reconstructions, que nous parviendrons à mieux caractériser les processus sociaux dans leur épaisseur historique et dans leur complexité.

Notes :

[1] 11e atelier PACT-Eurethno, Athènes, 1997, organisé par E. Karpodini-Dimitriadi.
[2] 12e atelier PACT-Eurethno, Montpellier, 1998, organisé par J. Bonnet.
[3] 13e atelier PACT-Eurethno, Nicosie, 1999, organisé par E. Rizopoulou-Egouménidou.
[4] Cf. en particulier les actes des travaux du 8e atelier PACT-Eurethno (Budapest, 1994) réunis par Kincsö Verebelyi (1996), *Le folklore : ses rapports à l'ethnologie européenne et à l'histoire dans l'enseignement supérieur en Europe* (Budapest : Separatum ex acta ethnographica 40/3-4). Pour une approche générale de ce type de questions, on pense en premier lieu à Isaac Chiva & Utz Jeggle (1987), *Ethnologies en miroir* (Paris : Maison des Sciences de l'Homme).
[5] Comparez avec Jeremy Boissevain (1992), *Revitalizing european rituals* (Londres et New York : Routledge), qui rassemble il est vrai une majorité d'auteurs de culture anglo-saxonne.
[6] En premier lieu : Wilhelm Mannhardt, *Wald- und feldkulte* (Berlin, 1874) et Sir James Frazer, *Golden bough* (Londres, 1890).
[7] Par exemple : Arnold Van Gennep ou André Varagnac en France, Ernesto De Martino en Italie.
[8] Les *Vegetationsdämonen* de Mannhardt.
[9] Les *Spirits of the Corn and of the Wild* de Frazer.
[10] On en retrouve les traces dans le concept d'archéo-civilisation défendu par André Varagnac.
[11] Voir par exemple les travaux de Claude Gaignebet (1974), *Le Carnaval* (Paris : Payot).
[12] Voir par exemple l'ouvrage de Michèle Boudignon-Hamon & Jacqueline Demoinet (1977), *Fêtes en France* (Paris : Ed. du Chêne) ou

celui de Yvonne de Sike (1994), *Fêtes et croyances populaires en Europe. Au fil des saisons* (Paris : Bordas).

[13] On pense respectivement à Roger Caillois (1958), *Les jeux et les hommes* (Paris : Gallimard) et à François-André Isambert (1982), *Le sens du sacré : fête et religion populaire* (Paris : Ed. de Minuit).

[14] Par exemple Daniel Fabre & Charles Camberoque (1977), *La fête en Languedoc* (Toulouse : Privat) ou Pierre Bessaignet (1982), *La jeunesse, la fête et l'école* (Plan de la Tour : Ed. d'Aujourd'hui).

[15] Cf. Patrick Champagne (1977), « La fête au village », in *Actes de la Recherche en Sciences Sociales* n°17/18.

[16] En témoignent les notions d'intervalle et d'interstice, développées respectivement par François-André Isambert (1982), *op. cit.*, et par Albert Piette (1988), *Les jeux de la fête* (Paris : Publications de la Sorbonne).

[17] D'après le concept de Max Weber.

[18] Nous suivons ici la perspective développée par Jocelyne Bonnet (1995), « Ethnographie européenne des fêtes et des rites : sources et méthodes de recherche », in Effie Karpodini-Dimitriadi (Ed.), *Ethnography of European traditional cultures, vol. 1* (Athènes : Institute of Cultural Studies of Europe and the Mediterranean, pp. 33-34).

[19] Sur les problèmes que peut soulever ce type d'hypothèse, et en particulier sur les manières dont les rites périodiques font coïncider un rythme culturel et un rythme naturel, voir l'exemple de l'ethnobotanique et la discussion suscitée par Jean-Pierre Albert dans l'ouvrage présenté par Marianne Mesnil (1990), *Les plantes et les saisons, calendriers et représentations* (Bruxelles : Institut de Sociologie de l'Université Libre de Bruxelles). Pour une approche anthropologique des facteurs naturels et culturels d'une organisation sociale appuyée sur la morphologie saisonnière, cf. l'article fondateur de Marcel Mauss (1904-1905), « Essai sur les variations saisonnières des peuples eskimos. Etude de morphologie sociale », in *L'Année Sociologique, Tome IX* (Rééd. in Marcel Mauss (1950), *Sociologie et anthropologie* (Paris : P. U. F.), pp. 389-477).

[20] Ce terme, choisi en hommage aux travaux ethno-historiques de Michel Vovelle (1976), *Les métamorphoses de la fête en Provence* (Poitiers : Aubier-Flammarion), nous paraît le plus suggestif pour exprimer les changements sociaux liés aux fêtes agraires étudiées dans ce recueil.

I. Rites agraires et représentations traditionnelles

Le cycle des céréales en Grèce

Effie KARPODINI-DIMITRIADI
Institute of Cultural Studies on Europe and the Mediterranean
Athènes.

Résumé : Ce texte successivement démonstratif et illustratif interroge les aspects sociaux et culturels des rites agraires grecs, qui sont généralement liés à l'exorcisation ou à la bénédiction du passage du temps, au souci de prospérité, et au besoin d'une divination concernant les producteurs et leurs familles. Les rites peuvent se retrouver à des saisons différentes selon les régions, dans des conditions météorologiques variables, mais toujours aux moments de transition entre les saisons agricoles. Le temps des semences est marqué par des conjurations appuyées sur des mimodrames et des représentations dramatiques. Sont distingués les rites qui concernent l'ensemble de la communauté villageoise et les rites domestiques, mais aussi les rôles rituels de chaque sexe, en vue de montrer la spécificité des fêtes agraires et de comprendre ce que la modernité change en elles.

1 : Eléments principaux des rites agraires.

Les fêtes et les rites agraires en Grèce présentent une grande variété due à leur lien étroit tant avec la tradition locale et l'identité culturelle de chaque région qu'avec le caractère particulier de la communauté qui les a créés ou qui les a perpétués. Malgré cette diversité, il existe un ensemble de traditions communes qui s'organise à la fois sur la base des rites chrétiens et sur des conjurations. Nous nous intéresserons plus particulièrement à ce dernier aspect qui vise, dans une perspective magico-religieuse, à une amélioration des conditions de vie dans l'environnement naturel et social.

On peut distinguer trois éléments principaux dans les rites agraires fondamentaux:

1. L'exorcisation ou la bénédiction du passage du temps, d'une saison à l'autre.

2. Le souci de productivité et de prospérité lié à la bonne récolte.

Dans plusieurs régions, les agriculteurs continuent aujourd'hui encore de mettre en rapport les fêtes religieuses, les changements météorologiques et le déroulement des cultures. Ils ont codifié leur expérience en proverbes et dictons météorologiques et règlent infailliblement leurs travaux selon les fêtes. Inconsciemment, ils sont sûrs de la bénédiction de Dieu et des Saints qu'ils obligent par leur dévotion et le respect des jours fériés. Pendant les grandes fêtes, les agriculteurs concentrent leur attention sur les objectifs de toute une année de production. Au sortir de la messe de Noël, au petit matin, ils invitent le prêtre, d'une maison à l'autre, pour qu'il soulève rituellement une assiette contenant du blé et du pain bénit. Le prêtre prend ensuite ce pain bénit sur lequel la maîtresse de maison a collé quelques figurines de pâte séchée représentant des moutons, des chèvres, et des petites croix ; il le pose sur sa tête et le casse en deux. Si la plus grosse portion tombe à sa droite, on déduit que l'année à venir apportera plus de blé, si c'est du côté gauche, ce sera plus de maïs.

3. L'intention magique ou magico-religieuse des rites agraires, est étroitement liée à un souci divinatoire concernant la famille et la bonne santé de ses membres. On retrouve la trace de ces pratiques dans de micro-rites urbains qui ne sont que l'adaptation de coutumes agraires (par exemple, l'arbre de Noël ou l'accrochage d'un gros oignon

sauvage qui fane et refleurit, symbole magique du règne végétal).

En Grèce, les principaux rites agraires sont liés depuis des siècles aux activités de subsistance : les rites des semailles, de la moisson, des vendanges (mais aussi de la culture du riz, du coton, du tabac, de la sériciculture, de l'apiculture, etc.) ainsi que d'autres activités vivrières offrant d'importantes ressources supplémentaires, dont profitent non seulement les producteurs, mais aussi plus largement les habitants de la région et même du pays.

Normalement, toutes ces activités sont reliées à des jours fériés, et par conséquent certains de ces rites se perpétuent en respectant le calendrier.

L'origine de ces coutumes, connues comme des rites d'adoration populaire, provient de la Grèce antique. Ces rites ont été conservés à travers le temps avec dévotion par le peuple et même s'ils constituent un syncrétisme de pratiques chrétiennes et païennes ils ont été acceptés par l'Eglise Orthodoxe, obligée de céder. Pour le paysan, tout tourne et a toujours tourné autour de ses animaux et de son champ. Certains actes rituels concernant l'ensemencement, la moisson et le battage sont conservés selon un ordre sacré comme une présupposition nécessaire à une bonne année. Les premiers épis qu'on récolte, la première et la dernière botte, la croix ou les vanneries rituelles qu'on tresse avec les derniers épis, ont une grande importance pour le rendement du champ.

La vie d'autrefois reposant sur l'agriculture, il est normal de retrouver un caractère agraire dans de nombreux rites d'adoration.

Il convient cependant de noter les points suivants:

1. Alors que les rites ont généralement lieu un jour précis, on remarque qu'ils peuvent souvent se présenter

sous une même forme à des saisons et à des jours différents selon les régions.

Ceci est étroitement lié à la notion de début et de fin de l'année, qui n'était pas la même selon la zone géographique. Les activités agricoles, directement dépendantes du soleil, influèrent sur le calendrier. Mais la prépondérance de l'élevage a contribué à ce que le paysan divise l'année en deux périodes, l'estivale et l'hivernale ; la première commence le jour de la fête de Saint-Georges (le 23 avril) quand les bergers quittent le pâturage d'hiver et emmènent leur troupeau sur les montagnes, et la deuxième le jour de la Saint-Dimitri (le 26 octobre) quand ils ramènent les troupeaux dans la plaine afin d'hiverner.

2. Une idée répandue était que l'année débutait le 1e mars comme l'année politique à l'époque byzantine. Mais en fait, l'année ecclésiastique commençant le 1e septembre (à partir de 313 après J.C.), c'était ce jour-là que l'on fêtait comme « le premier jour de l'an ». Comme de raison, tous les rites que l'homme du peuple – et surtout le rural – célèbre au commencement d'une saison afin de s'assurer une bonne santé et de bénéficier d'une bonne récolte, sont transposés et répétés selon les idées prédominantes concernant le début de l'année et les différentes saisons (par exemple, les aspersions avec de l'eau bénite, etc.).

3. La périodicité des rites est affectée aussi par les conditions météorologiques très variables sur toute la Grèce. De ce fait le début des travaux agricoles, par exemple l'ensemencement des céréales ou la moisson, n'avait pas lieu au même moment selon les régions. Pour la même raison les rites concernant le début de ces travaux avaient souvent lieu à des jours différents. Ainsi l'étude des fêtes, en fonction des différents rites, revêt une grande importance, car souvent elle permet de mettre en lumière leur sens profond, mais aussi les raisons de leur apparition.

4. Pour les paysans, qui sont les dépositaires par excellence des rites, les signes précurseurs de l'hiver apparaissaient au moment où les bergers conduisaient leurs troupeaux des alpages vers la plaine. Il convient de remarquer que les bergers fixaient la fin de l'hiver au 23 avril, date à laquelle les montagnes redevenaient accessibles aux troupeaux. En bas, dans les plaines et les champs, le printemps commençait bien plus tôt. Tout le monde était convaincu que le 25 mars, jour de l'Annonciation, les hirondelles messagères du printemps, reviendraient ; d'où le proverbe « à partir de mars, l'été ».

5. Compte tenu des éléments déjà mentionnés plus haut, on distinguait, dans la perception populaire, le début et la fin des saisons, non pas en fonction du calendrier, mais par rapport au cycle des travaux agricoles, qui s'accompagnaient de diverses manifestations (fêtes patronales, chansons, danses, etc.). Pour cette raison, la recherche folklorique en Grèce a classé les fêtes et les rites agraires selon les saisons (fêtes hivernales, printanières, estivales, automnales).

2 : Cérémonies et rites du cycle des céréales.

Pour l'agriculteur, la façon dont la terre acceptera le labourage et l'ensemencement est très importante. C'est pour cela que les agriculteurs avaient recours à diverses conjurations afin de s'assurer une bonne année et la prospérité des semailles. Les représentations dramatiques et le mimodrame étaient très répandus (surtout en Grèce du Nord et en Thrace), pendant la fête de Saint-Dimitri (26 octobre) mais aussi pendant les douze jours entre Noël et l'Epiphanie, la période du Carnaval et le premier mai. Dans le rite de *Tzamala* (voir Puchner, pages 89-90) le professeur W. Puchner, souligne que les symboles de la fécondité sont flagrants, de même pour la cérémonie magique de fertilité pendant la saison des semailles et le début d'hiver. Ce rite était répandu du Pont-Euxin jusqu'à l'ouest de la Bulgarie, en Roumanie, en Autriche du Sud et en Slovénie.

La fertilité de la terre peut être aussi obtenue par d'autres conjurations, comme la bénédiction des grains le jour de la Sainte-Croix (14 septembre). L'agriculteur mettait dans une serviette de l'orge et un échantillon de tout ce qu'il avait à semer, et l'amenait à l'église. Il la posait alors à la droite de la porte principale de l'iconostase, avec celles des autres paysans. Le prêtre les bénissait à la fin de la messe. Puis, chacun reprenait sa serviette avec les grains bénits, et au moment de semer l'agriculteur les mettait dans sa besace avec une grenade. Dans certaines régions (à Kalavryta) on mettait un grain de chaque plante dans un mouchoir, que l'on plaçait pendant la messe au-dessous de l'autel. Les grains que l'on donnait à bénir au prêtre provenaient souvent de la dernière moisson. Le jour de la nouvelle lune était considéré comme le plus favorable pour l'ensemencement, et était accompagné de vœux particuliers. Il convient de noter que le jour de la Sainte-Croix, surtout à Egine, on avait l'habitude d'enterrer le *Lidinon* et de se lamenter. Le *Lidinon* est une figure mâle de taille réelle, fabriquée à partir de tissus et de paille, qui symbolisait évidemment la disparition et la renaissance de la végétation.

Il faut également noter, parmi les conjurations de l'ensemencement, la fête des graines, connue aussi sous le nom ancien de « panspermie ». Cette fête est liée à celle de la Sainte Vierge de *Messosporitissa* (Présentation de la Vierge-21 novembre : cet adjectif qu'on attribue à la Sainte Vierge signifie « qu'elle protège les semailles au milieu de la période de la germination »). Ce jour-là on avait l'habitude, en guise de repas, de faire bouillir dans une casserole différentes graines de céréales et de légumes, et d'en distribuer une partie aux voisins, pour s'assurer ainsi l'abondance des plantes. On trouve une coutume similaire dans certaines régions, dite de Saint-André (selon une étymologie erronée du mot Andreas, qui peut signifier « brave » et « atteindre l'âge viril »), pour que les semailles soient vigoureuses.

Parmi les actes symboliques liés au cycle du blé et des céréales, il convient de noter l'habitude des semeurs de tresser les derniers épis en forme de jolis bouquets (qui selon leur forme, portent le nom de peigne, de massette ou de croix) et de les accrocher à l'iconostase de la maison ou sur la grosse poutre du toit. Dans certaines régions (Karpathos) on laisse quelques épis dans le champ et on trace autour d'eux un cercle magique avec la faucille ; parfois la paille des épis représente la barbe du propriétaire (symbole de l'esprit du végétal et de sa force vivifiante).

On connaît aussi la chasse au lapin sous le nom de « jeu du lapin et du chasseur » qu'on joue à Kythnos.

Parmi les rites relatifs au cycle de l'ensemencement, il faut aussi noter : le signe de croix que l'on fait avec la fourche servant à séparer les grains des tiges au-dessus du tas de blé, le cercle magique que l'on trace autour, la mesure et le lavage des grains après l'apparition du soleil, et l'offrande du premier pain de la récolte à la fée des eaux ou à la cigale insouciante. Les offrandes sont aussi étroitement liées à la maturation des plantes (raisins, figues, olives, etc.) qui correspond à certains jours de fêtes religieuses (Sainte-Marina, Transfiguration, Saint Kirykos).

Dans le culte populaire grec et ses rites agraires, il faut distinguer deux catégories principales : la première se réfère à l'ensemble de la communauté. Elle comprend les cérémonies religieuses, tous les rites et les danses qui ont lieu dans la cour de l'église ou sur la place du village, ou même à un carrefour hors du village. Dans cette catégorie, la fête la plus caractéristique est la fête patronale, c'est la fête par excellence de la communauté, qui réunit non seulement ses membres, mais attire aussi d'autres habitants de villages limitrophes et ceux de régions éloignées ; cet événement offre souvent l'occasion d'une réconciliation ou d'un règlement de querelles entre des communautés voisines. La deuxième catégorie se réfère à la maison, c'est-à-dire à la famille comme plus petite entité sociale avec un destin et une existence commune.

Il convient tout particulièrement de distinguer ici le rôle de chaque sexe. Les deux phases essentielles à la survie de la communauté sont le solstice d'hiver et l'arrivée du printemps. Ces deux phases critiques de l'année s'accompagnent d'une série de rites liés à la croyance dans les esprits malins, maîtres du règne végétal, donc de l'ensemencement et de la récolte.

Tandis que l'élément mâle prédomine pour les rites du solstice d'hiver (mise en réserve d'argent), l'élément femelle gouverne le réveil du printemps. Pendant les processions de printemps la fertilité féminine va de pair avec la fertilité des champs.

Parmi les éléments culturels des fêtes et des rites agraires, il faudrait aussi inclure ce qui distingue le jour de fête des autres jours. Le jour de fête est caractérisé par une cessation des activités et des travaux quotidiens, mais aussi par une alimentation distincte ; cette dernière n'étant pas liée à la production du cycle annuel, mais à l'alternance du jeûne et du festin selon le système des carêmes que l'Eglise Orthodoxe a établi depuis le schisme au 12e siècle.

Le progrès économique, la participation collective à la civilisation, le développement des communications, l'essor des villes, l'adaptation à la technologie moderne et à de nouvelles conditions d'existence ont modifié la vie des populations rurales et par conséquent le caractère des rites agraires. Avec l'intérêt au niveau international pour tout ce qui concerne les traditions culturelles, ajouté au développement des voyages, des excursions, du tourisme en général qui ont transformé les modes de vie, avec le mouvement folkloriste prônant le retour aux sources (d'abord encouragé par l'intérêt de la science pour ces coutumes puis par le développement du tourisme), les rites agraires ont acquis une forme nouvelle.

Des rites presque disparus réapparaissent. Ils présentent des caractéristiques différentes, mais leur souche est cependant aisément reconnaissable, ce qui permet souvent une nouvelle approche de la psychologie et de l'histoire d'une nation ainsi que de la présence éternelle de la culture populaire dans les sociétés modernes.

Bibliographie sélective:

- Karpodini-Dimitriadi E., *Le comportement religieux des habitants de l'île de Kéa*, Athènes 1988.

- Loukatos Dimitris, « Des Pâques et du printemps » (Πασχαλινά και της Ανοιξης), Athènes 1980.

- Loukatos Dimitris, « De l'été » (Τα Καλοκαιρινά), Athènes 1981.

- Megas G. A., « Fêtes grecques et rites de la culture populaire » (Ελληνικαί εορταί και έθιμα λαϊκής λατρείας), Athènes 1956.

- Peristiany J. G. (ed.), *Mediterranean rural communities and social change*, Athènes 1963.

Un « culte agricole » en Hongrie

Kincső VEREBELYI
Université Eötvös Lorand, Folklore Tanszék, Budapest

Résumé : Ce texte s'interroge sur les possibilités de caractériser un « culte agricole européen », à partir des technologies et des rites agraires hongrois. Il recense les épithètes de certains saints du calendrier, qui ont une connotation agraire, puis les rapproche des prédictions coutumières de la météorologie populaire et de locutions relatives au rendement du travail agricole. Il recense ensuite les paroles et les gestes magiques associés aux différentes phases de l'activité agricole (semences, labours), ainsi que les rites magiques qui accompagnent le début ou la fin des travaux agricoles. Enfin, il rapproche les activités agraires profanes de l'ordre rituel du calendrier religieux. L'ensemble de ces observations permet de mettre en doute l'existence d'un culte agricole organisé et de plaider pour une ré-évaluation des termes de magie et de sacré.

Les Hongrois ont occupé le bassin carpatique dès la fin du 11e siècle. Il a fallu néanmoins deux siècles pour que ce peuple se sédentarise et abandonne l'élevage pour l'agriculture. Ce processus est allé de pair avec la conversion au christianisme et l'instauration d'un Etat féodal. La tradition de travail dont les croyances et les coutumes feront l'objet de recherches ethnographiques à partir de la seconde moitié du 19e siècle remonte donc à plusieurs siècles. S'agissant de techniques de travail presque inchangées au fil du temps, les chercheurs de traditions présumaient que, comparées à d'autres coutumes, celles de l'agriculture étaient archaïques.

Les recherches portant sur les croyances et les coutumes liées aux travaux agricoles n'ont été entamées en Hongrie qu'au 20e siècle. Malheureusement, les réponses fournies aux articles du questionnaire rédigé en 1865 par Wilhelm Mannhardt (1831-1880) concernant la moisson et les coutumes relatives à celle-ci n'ont pas encore été analysées pour la Hongrie. Bien évidemment, des événements spectaculaires, comme la fête des moissonneurs, avaient déjà été rapportés par la presse contemporaine, mais ce n'est que dans les années 1960, et notamment dans les recherches de Zoltán Ujváry, qu'est née l'idée qu'on puisse éventuellement retrouver les éléments d'un culte de caractère agricole. Si certaines coutumes et croyances agricoles avaient déjà été notées auparavant, Ujváry était le seul à s'engager dans la voie d'un examen systématique. Il s'est fixé l'objectif de découvrir, malgré les changements de fonction supposés, les traces d'un culte agricole européen, ou encore plus général, sous-jacent aux croyances et aux coutumes de la tradition paysanne hongroise encore accessibles dans les années 1950-1960.

Au cours des siècles, la principale activité assurant la subsistance des paysans était incontestablement l'agriculture, et en particulier la production céréalière. D'où l'importance de l'efficacité de ce travail dans la pensée paysanne. En examinant les domaines des actes rituels liés au processus de travail agricole, il est possible de découvrir, en principe, l'existence d'un système que l'on peut nommer « culte agricole ».

La question se pose donc de savoir s'il existe un système d'arrangement – celui du culte agricole – qui, malgré toutes les incohérences apparentes, se manifeste aussi bien dans la pensée que dans l'activité technologique.

1 : Contexte.

1.1 : Le temps est le maître.

Il est bien connu que derrière la division régulière du calendrier, il existe un autre calendrier particulier, adapté au travail paysan. Tout comme ailleurs en Europe, en Hongrie aussi il est d'usage de donner comme épithètes à certains saints des adjectifs d'ordre agricole. Ainsi par exemple:

le 25 janvier : Paul 'qui tourne en bien'
le 22 février : Saint-Pierre 'qui apporte la nielle'
le 24 février : Matthias 'qui casse la glace'
le 25 mars : Notre-Dame 'qui greffe les fruitiers' (Annonciation)
le 30 avril : Catherine 'aux foins'
le 6 mai : Jean 'qui mange des haricots'
le 10 juin : Marguerite 'à radis'
le 24 juin : Saint-Jean 'qui coupe le froment'
le 2 juillet : Notre-Dame 'à faucille'
le 13 juillet : Marguerite 'la furieuse'
le 8 septembre : la Sainte Vierge 'qui chasse les hirondelles'
le 29 septembre : Saint-Michel 'au manteau de vin'
le 3 décembre : Saint-François 'qui tue le cochon'
le 8 décembre : Notre-Dame 'qui interdit la terre'
le 21 décembre : Saint-Thomas 'qui tue le cochon'.

La question se pose alors de savoir s'il s'agit simplement de vocabulaire, de signes ou de sémantique.

Le fait que le système de calendrier contenant les fêtes des saints soit complété d'une telle manière populaire indique qu'il se crée un système d'adjectifs occupant une place centrale dans la culture populaire. Bien qu'affichant des divergences d'une région à l'autre, ce système fonctionne selon un même principe: il renvoie à des conditions météorologiques ou à des tâches à exécuter qui ont une certaine importance pour les travaux agricoles.

1.2 : Des prédictions relatives aux prévisions météorologiques.

Au calendrier est lié le *Pronosticon*, ou le calendrier de berger, qui contient des prédictions, sous forme de locutions ou de dictons, relatives à la prévision météorologique. Plusieurs d'entre elles proviennent du calendrier, ce qui prouve que la voie de leur transmission n'est pas seulement orale, mais qu'une tradition écrite doit également exister. Une telle tradition expliquerait le caractère international de certains jours distingués, tandis que d'autres jours ne sont connus que dans telle ou telle région plus ou moins vaste.

Ainsi par exemple, le 25 janvier, la Saint-Paul est de notoriété internationale. Il est également bien connu que dans le calendrier populaire, le « tournant » de ce saint reflète le changement, le « tournant » du temps.

L'accomplissement de la prédiction peut être prévu pour un jour, une date précise :

– le froid de la Chandeleur annonce un printemps précoce,

– Démétrius fait danser ;

ou bien pour une plus longue durée :

– pour 12 jours: les douze jours après ou avant Noël,

– pour 40 jours: quand il pleut à la Saint-Médard, il pleut 40 jours plus tard,

– pour six mois à l'avance: Saint-Michel nous habille, Saint-Georges nous déshabille ;

ou encore pour une période incertaine :

– le 22 février, la Saint-Pierre 'qui apporte la nielle'. S'il pleut ce jour-là, le froment sera niellé.

Les prédictions peuvent prendre soit la forme d'une simple phrase affirmative, soit la forme de locutions.

1.3 : Les locutions relatives au rendement du travail agricole.

Font partie des affirmations du type *Pronosticon*, mais s'en distinguent quelque peu les locutions qui, liées à certaines dates du calendrier, prescrivent ou interdisent telle ou telle phase du travail agricole. Dans le second cas, en particulier, la croyance est accompagnée d'une activité ou plutôt de l'interdiction d'une activité (tabou). Ainsi par exemple:

– En Slavonie, s'il neige le 24 février, à la Saint-Matthias 'qui casse la glace', il faut semer le froment, l'orge et l'avoine pour avoir une récolte abondante, mais il est également recommandé de semer ce jour-là le pavot, les carottes, les petits pois et le persil.

– Celui qui laboure les champs le jour de Pâques aura sa récolte gâtée par la grêle.

Les activités suivantes se fondent sur les croyances:

– Le 3 février, dans le village de Topolya, les agriculteurs allaient à l'église avec quelques graines de blé dans la poche, et priaient Dieu de leur assurer une récolte abondante.

– A l'aube du Vendredi saint, dans les régions du Bácska et du Banat, le froment à semer était posé sur l'herbe fraîche de rosée.

Les croyances, ainsi que les actes fondés sur ces croyances s'intègrent à cette structure mentale que l'on appelle en général la pensée paysanne. Autrement dit, ce niveau de la pensée et de l'activité peut être considéré comme étant « le niveau précédant les rites agricoles ».

A ce niveau, des formes de comportement et des actes rituels se mêlent inextricablement. La différence par rapport aux habitudes et formes de comportement quotidiennes réside dans le fait que ces éléments sont déterminés par le calendrier. Les dates marquées par le calendrier peuvent être classées dans la catégorie des « temps sacrés », bien qu'elles soient éventuellement désignées sur la base d'expériences empiriques relatives à la météorologie ou à la technologie agri-culturelle.

2 : Paroles et gestes magiques.

Des paroles et des gestes magiques sont associés aux diverses phases de l'activité agri-culturelle. C'est par un choix délibéré que nous n'utilisons pas le terme technique « incantation », étant donné qu'à quelques exceptions près, il en existe très peu dans le corpus des formules d'enchantement hongroises, la collection d'incantations étant très restreinte.

– Avant de semer, on disait dans le village de Vasegerszeg : « Que le froment aille bien ».

A travers les matériaux collectés en Hongrie, la parole magique est plutôt une forme de prière ou de bénédiction.

– Avant de labourer la terre, on disait : « ô Seigneur, mon Dieu, donne-moi du courage au travail » ou « ô Seigneur, Jésus, bénis notre travail ».

– Lorsqu'on semait, la prière habituelle était la suivante : « Que Dieu y donne une riche récolte ».

– Dans certaines régions, par exemple dans le village de Andrásfalva, après avoir semé, on disait : « Mon bon Dieu, bénis-le et sanctifie-le » et « Qu'il en reste pour tous les pauvres et les oiseaux du ciel ».

– Dans le village de Gödreszentmárton, avant de se mettre au travail, on se signait en disant : « Aide-moi, Jésus ».

3 : Actes magiques et/ou rites en usage lors du travail agricole.

Les diverses phases du travail agricole comprennent des éléments d'actes magiques, de rites ou de coutumes rituelles dans lesquels les traits magiques et sacraux se trouvent inextricablement mêlés. Certains de ces traits présentent des similitudes avec les cultures précédant la culture chrétienne européenne ou les cultures non européennes.

La mise en relief rituelle du début et de la fin du travail soulève plusieurs problématiques.

Le problème du début résulte du fait qu'il n'y a pas qu'un seul début, mais – selon les différentes phases – plusieurs débuts qui possèdent des traits magiques. Quant à la clôture des phases de travail, les recherches hongroises ne révèlent pas leur caractère magique, à l'exception de la moisson. Cette dernière sera traitée, en tant que phase mettant terme au travail agricole, dans le contexte des fêtes-rites.

3.1 : La préparation du sol: le labourage.

Comme nous l'avons déjà vu, des prescriptions et des interdictions déterminaient la date du commencement du labourage. Ainsi par exemple, il était interdit de se mettre au travail le Vendredi saint, le Samedi saint, le jour de la Fête-Dieu et, en général, le vendredi. En revanche, le lundi était un jour propice pour entreprendre le travail. Dans la région de Göcsej, au premier labourage, on mettait du pain sur les mancherons de la charrue pour attirer la bénédiction sur cette activité. La terre retournée par le premier coup de pioche était considérée comme un objet magique, servant à protéger la santé des être humains et des bêtes. Par ailleurs, le fer de la charrue fait l'objet de différentes croyances relatives à la table de Noël dans la quasi-totalité des régions hungarophones.

3.2 : Les semailles du blé.

Chaque phase des semailles du blé est accompagnée d'actes magiques. Il est possible d'en relever déjà lors du tri des semences : dans plusieurs régions, il convenait de les trier soit par exemple à l'éclipse de lune, soit un jour précis tel que la Nativité de la Sainte Vierge ou, ailleurs, le Vendredi saint. Elles étaient posées sur l'herbe fraîche de rosée afin d'empêcher la niellure du blé.

La croyance veut que la graine de froment porte le visage de la Sainte Vierge pour rappeler que le froment vient de Jésus-Christ.

Les rites liés à la consécration des graines de blé fournissent plusieurs exemples, dont le plus répandu est celui où l'on pose les graines de blé et d'autres céréales sous la table de Noël.

De même, la date des semailles était choisie sur la base de considérations magiques. Ainsi par exemple, il était interdit de semer le 29 avril, à la Saint-Pierre 'qui apporte la nielle'. En revanche, la meilleure période pour semer était, en automne, la semaine autour du 10 octobre, la Saint-François et, au printemps, le 10 février, la Sainte-Eulalie. Dans beaucoup de régions, on semait souvent à partir de la nappe qui avait couvert la table de Noël. Le semeur ou la semeuse devait aussi être propre en corps et pur en âme.

Avant de commencer le travail, le semeur enlevait son chapeau et se signait s'il était catholique. Il était interdit de fumer la pipe pour éviter que le blé ne soit niellé. Parfois, il fallait travailler en silence, le semeur gardant à cette fin trois graines de froment sous la langue.

Derrière les gestes magiques, il n'est pas difficile de découvrir l'idée et l'intention que le blé est une graine et que le travail lié à cette graine touche à la notion du « sacré ». Aux niveaux du « magique », du « sacré » et du « transcendant », les valeurs sont les mêmes – phénomène qui s'observe souvent non seulement dans la pensée paysanne hongroise, mais aussi dans la pensée paysanne européenne.

3.3 : La moisson.

Bien évidemment, le commencement de la moisson relevait également de critères magiques. Il s'adaptait non seulement au calendrier de berger, mais aussi à des interdictions comme celle, par exemple, qui prévalait lorsqu'il y avait un mort dans la ville ou le village, ou encore l'interdiction de commencer à moissonner le vendredi ou à la nouvelle lune. Geste symbolique, le premier coup de faux a généralement été exécuté par le propriétaire de la terre. Souvent, à la fin de la moisson, on laissait la dernière gerbe dans le champ. Zoltán Ujváry, spécialiste de la tradition hongroise du culte agricole, attribue à ce geste une qualité de « sacrifice », sans doute le vestige d'un ancien culte agricole supposé.

Aussi, à la fin de la moisson, les gerbes étaient tressées en forme de colimaçon ou de couronne, puis un cortège apportait ces ornements à la maison du propriétaire. Parfois, la couronne et la personne qui l'apportait étaient arrosées avec de l'eau. Ensuite, la couronne était suspendue dans la première chambre de la maison, au-dessus de la table, et gardée jusqu'aux semences de l'année suivante, de manière à mêler ses graines aux nouvelles semences. La fête des moissonneurs clôturant la période de la moisson sera traitée plus loin.

3.4 : Le dépiquage.

Avant la diffusion de l'usage des batteuses, le dépiquage s'effectuait par piétinement d'animaux. Si une telle méthode ne subsistait que sporadiquement au début du 20e siècle, quelques croyances relatives à ce processus de travail sont néanmoins à notre disposition. Autrefois, dans le Sud de la Hongrie, on commençait à dépiquer le 25 juillet, à la Saint-Jacques. Ce jour-là, les paysannes de la ville de Szeged ne faisaient pas de lessive et ne préparaient pas de pain.

4 : L'ordre des fêtes.

Tout comme dans le cas des actes ritualisés liés à une fête précise, la symbolique agricole de la pensée paysanne et celle de la religion catholique ont également été amalgamées dans le champ sémantique des fêtes du calendrier.

La question se pose de savoir s'il est possible de parler d'un culte agricole profane, qui serait construit à partir d'éléments rituels intégrés à la pratique religieuse et aux fêtes religieuses.

Dans le cycle des fêtes de Noël, la tradition du « froment de Lucie » et les coutumes liées à la table de Noël comportent également des éléments à caractère agricole. « A la veille de Noël, on allume des bougies qu'on pose entre les graines de froment semées à la Sainte-Lucie. Si la lumière de la bougie ne passe qu'à peine à travers le froment poussé au cours des onze jours précédents, la récolte sera abondante, sinon elle ne le sera pas » (EA 1388/43).

La tradition du froment semé dans un petit plat à la Sainte-Lucie et ses implications magiques remontent à l'Antiquité.

La nappe qui couvrait la table de Noël et dont on se servait par la suite aux semailles, ainsi que la faucille et les différentes sortes de céréales posées sous la table, sont des objets et des moyens d'actes magiques, dont la force magique est assurée par une bénédiction.

A la différence des recherches effectuées par Esqueröd, nous ne disposons pas de données prouvant que les fêtes de Noël peuvent être interprétées comme « la moisson de l'année ». Les éléments des coutumes de Noël sont d'une nature de prévision et non pas d'action de grâce.

Parmi les coutumes liées au Carnaval, plusieurs éléments prennent un aspect agricole. Traîner la charrue de manière rituelle ou, pareillement, faire traîner une souche à une vieille fille, qui est ainsi la risée du Carnaval, s'interprètent de toute évidence et sans nécessité d'explication comme des actes magiques visant la fertilité. L'étude des figures masquées du Carnaval, et notamment de l'ours et de la chèvre vêtus de paille, a permis aux chercheurs de formuler l'hypothèse selon laquelle ces figures seraient apparentées, conformément aux recherches européennes, aux démons du blé d'une période historique précédente.

Parmi les coutumes de printemps, on peut relever celle, à caractère magique et servant à provoquer la pluie, qui a été observée dans le Sud et le Sud-Est de la Hongrie. Cette coutume consiste en le défilé dans le village d'un homme nu, vêtu de feuilles vertes et suivi d'un cortège qui l'arrose en récitant des textes magiques. Parmi les coutumes de printemps, plusieurs ont le rôle d'assurer ou de sauvegarder, directement ou indirectement, la fertilité du sol.

Au siècle dernier, dans certaines régions, un rameau de saule bénit était fiché en terre à Pâques fleuries, afin de protéger le sol de la grêle.

Il est intéressant de remarquer encore une coutume, provenant de la Transylvanie, notamment du Pays des Sicules : la miette de la brioche de Pâques a le même caractère sacré que celle de la brioche de Noël. En été, on jetait par terre les miettes de la brioche de Pâques en forme de croix pour protéger la terre des moineaux. Les dites Gloses de Nagyváty écrivent vers 1490: « *Ambarualis: sacrificum est: quod aura ambiat* ».

Au Moyen-Age, le bornage dit « de Pâques » jouait un rôle économique, administratif et juridique. Dans l'Ouest de la Hongrie et le Pays des Sicules, le prêtre, accompagné des fidèles, parcourait encore au 20e siècle les champs et les prés appartenant aux territoires du village.

Cependant, les interdictions portant sur la préparation du pain et les travaux champêtres ne s'expliquent pas par les coutumes agricoles, mais par l'usage qui établit le déroulement des grandes fêtes : celles de Noël, de Pâques et de Pentecôte.

Jour férié, le 25 avril, la Saint-Marc est le jour des rogations (bénédiction du blé), lorsque le prêtre, suivi des villageois, va dans le champ de blé limitrophe au village et y célèbre la cérémonie prescrite. Les origines de cette cérémonie toujours pratiquée remontent à l'époque romaine. Elle fut mentionnée pour la première fois en Hongrie dans un manuscrit qui date du 15e siècle. Un cérémonial édité au 16e siècle réglemente le déroulement de cet événement : une procession doit être organisée où des bannières et des croix doivent être portées ; le prêtre doit réciter quatre extraits de l'Evangile et cinq prières en se tournant vers les quatre points cardinaux. Aujourd'hui, cette cérémonie a changé de manière : le prêtre la célèbre non plus dans le champ, mais dans l'église, où le champ de blé est symbolisé par des gerbes de blé étalées sur une table. Jusqu'à une période récente, les gerbes de blé bénites étaient encore considérées comme des sacrements.

La fête des moissonneurs occupe une place principale dans le cycle des coutumes d'été. Célébrée à la fin de la moisson, elle consiste à faire le tour du village avec la couronne de blé et à saluer le propriétaire qui, à son tour, organise un festin pour les laboureurs. Des informations sur cette fête ne nous parviennent que de la première moitié du 19e siècle, et même les données plus récentes ne sont que très sporadiques. Sans doute, cette fête n'a aucun caractère cultuel et ses éléments ne sont pas des rites, mais des formes ritualisées.

Il est intéressant de voir comment la fête agricole s'est développée au cours du 20e siècle. Dès la fin de la première décennie, sous le règne du régent Miklós Horthy, le 20 août, anniversaire de Saint-Etienne, roi de Hongrie, se voit transformé en une fête agricole. La Saint-Etienne était déjà, même avant, un jour férié de l'Eglise, une fête commémorative du roi saint, fondateur de l'Etat hongrois, et aussi un jour de congé depuis François Ier (1792-1835). Dans la Hongrie de l'époque moderne, le roi Saint-Etienne était le patron de quelque 350 églises, et la dédicace ayant lieu chaque année à cette date était considérée comme la plus grande fête du village. Ce jour-là, la capitale accueillait une procession où l'on portait, en tant que relique, la sainte dextre de Saint-Etienne. De plus, au tournant du siècle, et pendant plusieurs décennies encore, une sorte de voyage organisé à Budapest a été proposé à tarif réduit aux paysans qui souhaitaient venir ce jour-là visiter les monuments de la capitale ou participer à la procession. A partir de la fin des années 1910, le 20 août est devenu la fête nationale du blé, lorsqu'il convenait d'offrir au gouverneur, dans des circonstances solennelles, un pain orné d'un ruban présentant les couleurs nationales. Après la Seconde Guerre mondiale, le culte de Saint-Etienne s'étant effacé, le 20 août a été officiellement déclaré la fête du pain nouveau. La dernière décennie a vu la fête du roi saint, fondateur de l'Etat, s'associer à une fête nationale commémorant la création de l'Etat hongrois. Néanmoins, la symbolique du pain nouveau apparaît encore quelquefois parmi les éléments de cette fête.

Ni la fête des moissonneurs, ni le 20 août ne peuvent être considérés comme étant des fêtes de grâce, telles qu'en Amérique Hallowe'en au mois de novembre, ou au Danemark la fête de la récolte des pommes de terre, journée de vacances scolaires pour les enfants.

Si la fin du travail agricole n'est pas fêtée dans la culture paysanne hongroise traditionnelle, ne serait-ce que sporadiquement comme dans le cas du commencement des travaux, c'est sans doute pour des raisons économiques et sociales.

Il est probable que c'est l'interprétation de la fête qui devrait être ajustée aux conditions, puisqu'en Hongrie aussi, nous disposons de données relatives à la tradition de fêter la clôture des travaux effectués en commun par un festin. Or, cette coutume n'a laissé aucune trace dans les petites propriétés où le travail est effectué individuellement ou dans un cadre familial. Un festin est organisé à la fin de la moisson effectuée en commun ou des vendanges, ainsi que lors de la fête des bergers en automne et pour la saignée du cochon. Dans ce milieu social, où les formes de fêtes urbaines et bourgeoises n'apparaissent que tardivement, fêter le soulagement momentané dû à la cessation du travail en mangeant et buvant bien et en passant un moment joyeux ensemble constitue le degré élémentaire de la fête.

Conclusion :

Comparés aux documents européens, les documents hongrois en matière d'actes magiques, de rites et de croyances ne représentent qu'une quantité très modeste. En Hongrie, il n'existe pas de système bien articulé et constitué d'une diversité d'éléments riches – en tout cas, les observations ethnographiques du 19e siècle et les études menées au 20e siècle n'abondent pas en données qui en témoigneraient. Ceci est d'autant plus surprenant qu'il s'agit d'un pays typiquement rural encore jusqu'aux années 1960, où la grande majorité de la population vivait de l'agriculture. En se fondant sur les documents comparatifs internationaux, il est possible d'établir un lien entre certains éléments, tels que le froment de Lucie, la dernière gerbe, quelques formules et certaines caractéristiques structurelles du calendrier paysan, et le culte agricole sous-jacent à la chrétienté et bien connu dans d'autres régions d'Europe. Les documents hongrois en la matière ne nous offrent pas suffisamment de connaissances pour nous permettre de supposer l'existence d'un culte agricole. Afin d'avoir une image complète, il conviendrait d'élargir les recherches en examinant du côté de la pratique et de la réception populaires les rites et la tradition textuelle liés à la religion. En pensant encore à l'exemple des rogations, il est à noter que cette fête d'origine romaine fut transmise en Europe et ainsi en Hongrie par l'Eglise catholique. Or, si cette tradition est toujours connue et vivante dans la pensée paysanne, c'est parce qu'elle répond à un besoin. Les notions de « magie » et de « sacré », telles qu'elles apparaissent dans la tradition et la pensée paysannes, doivent donc faire l'objet d'une réinterprétation.

Bibliographie :

- Bálint Sándor, "*Ünnepi kalendárium I-II.* [Calendrier des fêtes] ", Budapest, 1977.

- Csicserov V.I., "A földműveléssel kapcsolatos orosz téli népszokások a XVI.-XIX. században [Rites agricoles d'hiver dans la Russie des XVIe-XIXe siècles]", *in: Néprajzi szöveggyűjtemény I.*, Budapest, 1980.

- Göncz Ferenc, "Göcseji népszokások [Coutumes populaires du Sud de la Hongrie]", *in: Ethnographia*, VI., 1895, pp. 320-335.

- Madarassy László, "Magyar aratószokások [Rites de moisson hongrois]", *in: Ethnographia*, XXXIX., 1928, pp. 83-93.

- Madarassy László, "Az aratókoszorú [Couronne des moissonneurs]", *in: Ethnographia*, XLII., 1931, pp. 161-167.

- Manga János, "Erntebrauche und Erntelieder der Palozen", *in: Actà Ethnographica*, VIII., 1959, pp. 223-267.

- Moór Elemér, "A földműveléssel kapcsolatos szokások, hiedelmek és babonák Rábagyarmaton [Rites et croyances agricoles dans le village de Rábagyarmat]", *in: Ethnographia*, XLII., 1932. pp. 158-161.

- Penavin Olga, "*Népi kalendárium* [Calendrier des paysans] ", Újvidék, 1988.

- Pócs Éva, "*A magyar ráolvasások* [Incantations hongroises] ", Budapest, 1985-86.

- Propp V. J., "Az orosz agrár rítusok tanulmányozásának módszerei [Méthodes de la recherche des rites agricoles russes], *in: Műveltség és hagyomány*, V., 1963, pp. 55-63.

- Rantasalo A. V., "Der Ackerbau im Volksglauben der finnen Esten mit entsprechenden Gebrauchen der Germanen verglichen", Teil I-V., FFC n° 30, 31, 32, 55, 62, Helsinki, 1919-1925.

- Schmidt, Leopold, "Barbara- und Luzienweizen. Die Verbreitung der weihnachtlichen Tellersaat im Burgenland.", *in: Kultur und Volk. Festschrift für Gustav Gugitz*, Vienne, 1954, pp. 387-418.

- Sydow C. W., "Die begriffe des Ersten und Letzten in der Volksüberlieferung mit besonderer berücksichtigung der Erntebrauche.", *in: Selected Papers on Folklore*, Copenhague, 1948, pp. 146-165.

- Ujváry Zoltán, "Az agrárkultusz kutatása a magyar és az európai folklórban [La recherche du culte agricole en Hongrie et en Europe]", *in: Műveltség és hagyomány*, XI., 1969.

-Vajda László, "Rítustanulmányok [Études sur les rites]", *in: Ethnographia*, LXII., 1951, pp. 50-72.

- Vilkuna Kustaa, "Volkstümliche Arbeitsfeste in Finnland", FFC n° 191, Helsinki, 1963.

- Weber-Kellermann, *Erntebrauch in der ländlichen Arbeitswelt des 19. Jahrhunderts*, Marburg, 1965.

Couronnes et traditions orales de la moisson en Roumanie

Vilmos KESZEG
Univ. Cluj - Turda, Roumanie

Résumé : Cet article détaille dans un premier temps les rituels et les interdits magiques liés aux moissons en Roumanie, puis se concentre sur les actions liées aux cortèges de fin de moisson. Les couronnes d'épis tressés, élément récurrent du folklore européen, sont décrites en détail avec leurs variantes morphologiques et géographiques. Des éléments sont donnés pour comprendre l'usage de ces couronnes : qui les porte, qu'en fait-on, à qui les remet-on ? Ensuite, le repas des moissons roumain est décrit, ainsi que les danses et les chants qui l'accompagnent. Ces chants sont consacrés à la couronne ; ils mettent en scène des thèmes régionaux spécifiques et structurent la cérémonie des moissons autour des derniers épis de blé. Malgré les changements successifs de la structure sociale au vingtième siècle, l'analyse de l'évolution historique des fêtes de la moisson montre que la couronne s'est adaptée en changeant de fonction et de sens.

En Roumanie les semailles du blé ont lieu en automne. Si les conditions météorologiques ne sont pas favorables, elles peuvent être renvoyées au printemps. C'est le 8 juin que la racine de la plante se rompt ; elle commence à se dessécher. La moisson commence à la mi-juin et elle dure jusqu'à la fin du mois de juillet.

Le blé est la céréale du pain : il est considéré comme saint. Sur l'épi on dit pouvoir reconnaitre le visage de Jésus Christ. Les travaux agricoles concernant la culture du blé ont un caractère rituel et religieux. La nuit qui précède les semailles, les relations sexuelles entre le maître et sa femme sont interdites[1]. Avant de partir aux semailles, il est interdit pour la femme de passer devant le chariot chargé de blé[2]. Si ce jour-là la femme a ses règles, il lui est interdit d'aller au champ. Une fois le chariot chargé, le maître sort de la cour ou commence les semailles après avoir dit quelques bribes de prières[3]. Ce jour–là les voisins se saluent en souhaitant l'aide de Dieu[4]. On utilise aussi la magie pour assurer la chance des semailles[5]. Au siècle passé, les Saxons tenaient un service divin avant les semailles[6].

La moisson du blé représente avec la cueillette et la récolte un événement rituel qui a plusieurs fonctions.

Le commencement de la moisson est précédé d'une sorte d'action de grâce rendue à Dieu. Les membres de la famille visitent l'église pour remercier de la récolte et demander l'aide de Dieu pour les travaux d'achèvement[7]. Dans les champs, à la marge du champ ensemencé, ils s'agenouillent et ils prient. Les hommes se découvrent.

En Transylvanie, tant les Roumains que les Hongrois ou les Saxons pratiquaient la confection de la couronne de blé et son arrosage[8]. Le rite n'est répandu ni vers les régions roumaines orientales, ni vers les régions méridionales[9]. Ses formes les plus complexes sont liées à la moisson en commun. Le rite avait lieu pour la moisson du blé d'un grand propriétaire foncier[10], pour la moisson du blé du prêtre, pour celle du maire effectuée en système de veillées[11], pour la moisson du blé d'une famille dans le besoin, pour la moisson effectuée avec des journaliers ou en cas de veillée « achetée »[12]. L'agriculture collective des années 1950–1960 a favorisé elle-même le rite.

La convocation des laboureurs a lieu quelques jours avant la moisson. Parfois, le maître traverse le village accompagné d'un musicien, et il avertit ses travailleurs[13].

Les participants se réunissent de bon matin dans la cour du maître. Avant le départ le maître leur sert du pain et de l'eau–de–vie. A midi les nourritures et la boisson sont consommées dans le champ. Après le déjeuner, on continue la moisson. Si on pense que les travaux seront terminés le soir même, quelques femmes expérimentées commencent à confectionner la couronne d'épis.

Avant de terminer la moisson, les jeunes entourent le champ et en criant, ils essaient de faire peur aux lapins et aux cailles. Pour provoquer beaucoup d'agitation, quelques–uns d'eux courent dans le blé[14].

Après avoir fini la moisson, les ouvriers forment cortège ; ils rentrent dans le village en chantant. Les gens les reçoivent avec des marmites remplies d'eau ; ils arrosent les personnes qui apportent la couronne. Arrivant dans la maison du maître, les ouvriers lui remettent la couronne. La maîtresse leur met le couvert. Après le dîner les jeunes commencent à jouer.

Il faut présenter un peu plus en détail les éléments du rite :

1. Pour la confection de la couronne sont choisis les épis les plus beaux et les plus abondants. Elle est préparée seulement avec des épis de blé. Si quelqu'un a cultivé seulement de l'orge et de l'avoine, il renonce à la confection de la couronne ou il emprunte des épis du blé de son voisin[15]. Parfois on a cultivé du blé sur un petit terrain, spécialement pour la couronne. Parfois, dans les régions de montagne, la couronne a été confectionnée avec des épis de seigle[16].

La couronne peut avoir plusieurs formes. La couronne la plus simple et la plus modeste est la couronne circulaire, qui s'adapte aux dimensions de la tête. Ce type de couronne est connu sur la Plaine Transylvaine, sur la zone Călata, Țara Moților et sur la région Secuime[17]. La variante la plus grande et morphologiquement la plus complexe de ce type est la couronne ayant la forme d'une cloche. Dans les régions habitées par une population roumaine et saxonne (Năsăud, Țara Oltului, Sibiu) la couronne circulaire a été complétée par un treillage ayant la forme d'une croix. Plus tard, la croix est devenue une croix double[18]. Le diamètre d'une couronne en forme d'une croix circonscrite peut atteindre 2 mètres.

Dans les régions habitées par une population hongroise, on a confectionné des objets ayant la forme d'un escargot.

Partout, en règle générale, si on ne prépare pas de couronne, ou si la moisson ne se passe pas sous forme d'une veillée, l'un des membres de la famille ramasse un bouquet d'épis qui est mis dans un vase ou suspendu sur un mur.

À Năsăud la couronne est tressée de trois ou quatre treillages. Son tressage suit celui des cheveux de la mariée[19].

La couronne qui a une dimension plus grande est fixée sur un support en bâtons.

La couronne est décorée de fleurs et de rubans.

2. Le port de la couronne. La couronne simple est portée sur la tête, par une jeune fille. En Năsăud on exige que la fille soit propre et vierge. Dans le cas contraire la récolte de l'année suivante serait mauvaise[20].

Là où la couronne a une forme de croix circonscrite, elle est nommée massue et elle est portée par un jeune homme. La couronne se trouve devant lui, dans sa main droite. Ses gestes sont festifs[21].

Le porte–couronne se trouve en face du cortège, ayant le maître près de lui. Ils sont suivis par les moissonneurs. À la fin du cortège se trouve le musicien.

Si la moisson se déroule dans la famille, la couronne peut être transportée par n'importe quel membre de la famille.

3. L'arrosage de la couronne. Si le cortège traverse un ruisseau, la couronne et même celui qui la porte sont jetés dans l'eau.

En arrivant dans le village, l'ordre du cortège s'effiloche. Les gens, enfants, femmes et hommes, qui au signal du chant se précipitent dans la rue avec des marmites remplies, jettent de l'eau sur la couronne, sur celui qui la porte, sur le maître et sur tout le cortège. Quoique le jeune homme essaie de protéger la couronne, elle devient toute mouillée. L'événement ressemble à un combat[22].

Arrivé dans la cour du maître, le cortège est arrosé de nouveau. Le dernier qui jette de l'eau sur la couronne est le maître de la maison.

Si la moisson se passe dans la famille, la famille et sa couronne sont arrosées obligatoirement par le voisin.

4. La remise de la couronne. La personne qui apporte la couronne et quelques–uns de ses camarades entrent dans la cuisine. Ils font le tour de la table trois fois, puis ils posent la couronne au milieu de la table. S'ils ne sont pas reçus dans la maison, la remise a lieu dans la cour ou devant la maison.

Au moment de la remise une femme présente « l'incantation de la couronne ». C'est plutôt une histoire fictive, qui raconte la route du blé, en commençant par sa moisson, jusqu'à son arrivée dans le grenier. L'histoire peut continuer par la mouture du blé jusqu'à la préparation de la brioche. L'incantation continue avec l'éloge du maître. Enfin, la personne chargée de l'incantation demande des dons aux moissonneurs, des nourritures et des jeux[23].

Dans les familles hongroises et saxonnes, la couronne a été suspendue à une poutre dans la chambre. Dans les familles roumaines elle a été posée près de l'icône ou dans une fenêtre.

5. Le repas. La moisson commence et se termine avec la consommation des aliments et des boissons. Les moissonneurs sont servis trois fois par jour. La boisson est toastée à la santé du maître et de sa famille, pour la récolte, et elle doit être consommée jusqu'à la dernière goutte. La nourriture traditionnelle roumaine préparée ce jour était le blé cuit au lait. Après 1930 le menu est devenu plus varié (soupe aux vermicelles, boulettes au chou et au riz, soupe au riz avec de la viande de mouton, soupe de haricots avec de la viande de cochon)[24]. Dans les cuisines hongroises et saxonnes, ce jour–là, étaient préparées des nourritures à la viande de coq[25].

6. La danse et le chant. Les événements du jour sont liés les uns aux autres par la danse et le chant. Ceux–ci remplissent les intervalles des différentes séquences, ils intègrent dans le même événement les gens cooptés dans de différentes activités, et ils lient les différents endroits des événements de ce jour. La plupart des chants et des occasions à chanter servent à amuser les participants de la moisson.

On peut se référer à la seule chanson rituelle. Elle a une valeur magique dans la cérémonie roumaine. Elle est nommée la chanson de la massue ou la chanson de la couronne. Elle est interprétée par les jeunes pendant le trajet de retour du champ et la remise de la couronne. La chanson est de deux types bien distincts en ce qui concerne sa mélodie et son contenu.

Au sud de la Transylvanie (la vallée de Olt, Târnave, Sebeş, les montagnes de Perşani) la poésie contient des unités à six syllabes, la mélodie est plus solennelle. Les variantes du texte abordent les thèmes suivants :

- un thème solaire, cosmique (la querelle entre la sœur du Soleil et celle du Vent, visant la primauté et les mérites dans la production de la récolte) ;
- le conflit des intérêts de la vie agraire et pastorale ;

- des vœux adressés au maître/maîtresse de la maison ; une demande de dons.

Voici l'une des variantes de cette chanson[26] :

Dealu Mohului, (bis)
Umbra snopului.
Cine se umbreşte (bis)
Şi se sfătuieşte
Sora Soarelui
Şi cu–a Vântului (bis),
Ele se umbrescu (bis)
Şi se sfătuiescu,
Care sunt mai mari: (bis)
Sora Soarelui
Din graiu îşi grăia
Că ea e mai mare
Că frate–so–i Soare.
El cân' să igheşte, (bis)
Lumea mi–o–ncălzeşte.
Sora Vântului
Zice: Io–s mai mare
Că frate–mio–i boare,
Că de n–ar bori, măi,
Oamenii ar muri, (bis)
Oamenii pe câmpu, (bis)
Vitele la jug. (variantă:
    Şi boii la jug)
Boii de pe deal (bis)
Şi caii din ham.
Stăpâne, stăpâne,
Nu te prea–ntrista, măi, (bis)
Că holdele–s rari
Da' la spk' ic îs mari.
Dumnezeu va da (bis)

Claia – găleata,
Snopu – feldera,
Mărunchiu'–copu'.(bis)

(..)

Stăpâne, stăpâne,
Gata cina bine,
Că cununa vine,
Tot de grâu frumos,
Trupul lui Hristos. (bis)
Stăpâne, stăpâne,
Cămaşă de in,
Ş–o veadră de vin.
Că de nu vei da, măi,
Ghine–o cioară neagră,
Şi–ţi ia claia–ntreagă,
Ş–o duce pe Olt (bis)
Şi–ţi ia grâu de tot.
(Ionică, 1996: 47)

La colline du Mohu, (bis)
L'ombre de la gerbe.
Qui s'ombragent (bis)
Et qui se consultent.
La sœur du Soleil
Et avec celle du Vent, (bis)
Elles s'ombragent (bis)
Et elles se conseillent,
Laquelle est la plus grande: (bis)
La sœur du Soleil.
En disant, elle dit
Qu'elle est la plus grande
Car son frère est le Soleil.
Quand il apparaît, (bis)
Il chauffe le monde.
La sœur du Vent

Dit: je suis la plus grande
Car mon frère est une brise,
Car s'il ne soufflait pas,
Tous les gens mourraient, (bis)
Les gens dans les champs, (bis)
Les bêtes au joug.
Les bœufs sur la colline, (bis)
Et les chevaux dans le harnais.
Mon maître, mon maître,
Tu ne t'attristes pas trop, (bis)
Car les champs sont rares
Mais les épis sont grands. (bis)
Dieu donnera (bis)
Les meules dans les tas,
Les gerbes très épaisses,
(..)
Mon maître, mon maître,
Le dîner bon est prêt,
Car la couronne vient,
Parmi les beaux épis,
Le corps du Jésus. (bis)
Mon maître, mon maître,
Une chemise en lin,
Et un seau de vin.
Car si tu ne donneras pas,
Une corneille noire vient,
Elle vole toutes tes meules,
Elle les rapporte sur l'Olt (bis)
Et elle vole tout ton blé.
(traduit de Ionică, 1996 : 47)

La deuxième variante est répandue dans les régions du nord et de l'est de la Transylvanie. Le texte est octosyllabique, il est plus court. La mélodie est semblable aux chansons de mariage. Les deux motifs du texte sont:

- l'invitation à l'arrosage de la couronne ;
- les différences entre le blé et l'avoine.

Voici une des variantes[27] :

Bucură–te, gazdă bună,
Refr. Hai n–am şi dainam, cununa,
Că–ţi aducem o cunună,
Cunună de grâu curat,
De trei feciori semănat,
De trei fete secerat
Şi (de) cei ce–au ajutat.
Foaie verde de alună,
Trebuie apă la cunună,
Cununa trebuie udată
Şi fetiţa sărutată.
(Bîrlea, 1981: 414)

Réjouis–toi, bon maître,
Refrain : Hai n–am et dainam, couronne,
Car nous t'apportons une couronne,
Une couronne à blé propre,
Semé par trois fils,
Moissonné par trois fillettes
Et par tous ceux qui ont aidé.
Feuille verte de noisette,
La couronne a besoin d'eau,
La couronne on doit l'arroser,
Et la fillette (on doit) l'embrasser[28].
(traduit de Bîrlea, 1981: 414)

Dans la journée les danses ont lieu plusieurs fois. On joue dans le champ au moment de la fin du travail, à l'arrivée dans le village, devant la porte du maître, dans la maison. Après le dîner, on joue plus longtemps.

Toute la cérémonie est structurée autour des derniers épis de blé. Après avoir fini la moisson, les derniers épis sont transportés solennellement dans le village, ils sont arrosés, et ils sont installés dans la maison ou dans l'église. La famille offre un cadeau en tant que « paiement » aux moissonneurs, en tuant un animal[29].

Le rite ne se termine pas ce jour–ci. Les grains obtenus des derniers épis sont mêlés dans les semences des semailles d'automne ou de printemps, jetés devant les poules. Les Roumains l'utilisent même pendant la noce. À Maramureş et Năsăud, au repas qui suit le mariage religieux, le parrain reçoit une poule comme don. Elle a dans son bec un épi pris sur la massue de la moisson[30].

Tandis qu'en Transylvanie on a confectionné la couronne, en Olténie, Valachie et Moldavie les derniers épis ont été laissés dans le champ. Le nom de ces épis: le Lapin, la Barbe du prêtre, la Barbe de Dieu. Cette coutume a été pratiquée même parmi les Hongrois et les Saxons de Transylvanie[31].

Dans les années 1930, la pratique de la fête du blé est devenue facultative. Ce changement a modifié la fonction du rite. Des actions jugées indispensables, nécessaires, sont devenues un programme distractif. Cette nouvelle fonction a pris la place de la fonction magico-rituelle, de l'action de grâce et de l'assurance de la fécondité des plantes et de la pluie. Les fêtes de différentes familles se sont unifiées dans une fête commune à tout le village[32]. Le rite initial a intégré des gens appartenant à des catégories et statuts différents. À la suite du changement, la représentation du rite est devenue le devoir des jeunes. C'est seulement temporairement, seulement pendant la présentation de la couronne, que ces jeunes s'identifient à leur rôle.

Ces changements ont modifié aussi la structure morphologique de la cérémonie. Les nourritures rituelles, la danse rituelle ont disparu. La cérémonie est devenue réglée, stylisée. C'est ainsi qu'elle est devenue une partie de la cérémonie de la fête nationale du 23 août. La cérémonie du port de la couronne est devenue un élément d'une manifestation politique. La couronne a été confectionnée par un spécialiste ethnographe ou par des artistes/maîtres populaires ; elle était exagérée par ses dimensions et sa décoration. La représentation de la tradition a eu lieu en ville, au centre de la ville, sur une tribune ou sur la scène d'un théâtre. Le rôle du maître a été joué par un représentant d'une institution politique ou de l'Etat.

Pendant les années 1950–60 le rite a été l'objet d'un autre essai d'adaptation. Après que les terres sont devenues propriété collective, dans la majorité des villages on a essayé de célébrer la moisson d'après le modèle traditionnel. Cette variante a favorisé quelques motifs nouveaux comme l'éloge des travaux collectifs, de la prouesse, etc. Par exemple la fille qui portait la couronne a été le travailleur d'élite, la personne qui a reçu la couronne a été le maire ou le président de la coopérative agricole. La chasse du lapin, l'arrosage de la couronne, la consommation des boissons sont devenus des éléments attrayants de cette journée. Après les années 1960 ce rite a disparu.

Après 1990, en Roumanie, une partie des terres agricoles est devenue de nouveau propriété privée. Depuis cette date la fête de la moisson contient un nombre réduit d'éléments. Les membres de la famille emportent un petit bouquet d'épis, qu'ils installent dans la maison. Les vieux racontent leurs souvenirs sur les moissons d'autrefois. La fête du blé s'est transformée en fête religieuse, nommée « fête du pain nouveau ». Elle a lieu dans l'église, pendant le mois d'août, le plus souvent le dernier dimanche du mois. Pendant la cérémonie on chante des psaumes adéquats. On met un bouquet d'épis sur la table. La grande couronne qui se trouve toujours dans l'église est renouvelée tous les 5–10 ans. Le prêtre distribue la cène. « C'est le 1e janvier qu'on décide qui offrira la cène l'année suivante. Jadis, le pain servi à la fête du pain nouveau était cuit avec du blé frais. Plus aujourd'hui. On le fait de la farine ordinaire de l'année passée, ou avec de la farine achetée ». Bien que l'on confectionne encore la couronne, son arrosage et l'utilisation rituelle de ses grains ne sont plus pratiqués.

Notes :

[1] « Quand nous nous sommes préparés pour semer du blé, les vieillards nous ont dit, dormez tranquillement, car demain vous allez semer. Mon père et ma mère nous ont dit : – Si vous péchez, le blé restera creux. » (M/67 ans, Ţigău; Triteni, Gorneşti)

[2] Frata, Fântâniţa.

[3] « Que Dieu nous ait permis de sortir dans les champs. Et même quand il a commencé à semer le blé, il levait son chapeau, il priait et après cela il commençait à semer. » (M/89 ans, Luduş–Roşiori)
« Le jour des semailles était béni, il commençait par une prière. Alors le grain était d'une grande netteté. Que la semence arrive la plus propre possible dans la terre, que le travail soit béni. » (M/58 ans, Frata)

[4] « L'un souhaitait de la chance à l'autre. » (F/74 ans, Luduş–Roşiori)
« Si quelqu'un passait près des champs ensemencés, il disait: – Que Dieu te donne la bénédiction, d'après tes mains. C'est ainsi que se saluaient les gens. Ou: – donne moi la bénédiction d'après mon travail » (M/70 ans, Gorneşti)

[5] La première poignée de grains était jetée pour les oiseaux afin qu'ils ne détruisent pas la récolte. (M/67 ans, Ţigău, M/69 ans, Luduş–Roşiori) Au bout des champs ensemencés ont été mises des pailles propres, afin que la récolte soit propre. (M/67 ans, Ţigău) On a dispersé les restes du chanvre, pour que le blé soit gros et haut comme celui–ci. (F/58 ans, Bozieş)
À la fin des semailles l'homme avait fait le tour des champs, en jetant des grains, pour que les champs ensemencés soient protégés. Il les ourle. (M/77 ans, Gorneşti)

[6] Pozsony, 1997 : 204.

[7] Pozsony, 1997 : 204.

[8] La dernière synthèse de la littérature du rite : Cuceu, 1996.

En roumain, le mot couronne a deux correspondants : cunună 'couronne des fleurs' et coroană 'couronne royale'. En hongrois cette distinction est réalisée par les mots koszorú et korona. Ici il s'agit du premier sens du mot couronne.

[9] Ionică, 1996 : 135 ; Bîrlea,1981 : 404.

[10] La Plaine Transylvaine a été jusqu'à la deuxième guerre mondiale une région de grands domaines.

[11] La structure d'une veillée des années 1930 est analysée par Ionică, 1943.

[12] Dans les villages transylvains, du printemps jusqu'en automne, chaque dimanche ont eu lieu des danses d'été. Le maître qui a eu besoin de secours pendant la moisson, a acquitté les frais d'une saison (la salle, les musiciens), et toute la jeunesse du village a été obligée de travailler pour lui un ou deux jours.

[13] Données provenues de Palatca.

[14] La fonction primordiale de cette séquence est d'effrayer les démons de la récolte. Frazer, 1965 : 258–260. Plus récemment: Pozsony, 1997 : 205 ; Barabás, 1998 :105.

[15] Moldoveanu–Nestor, 1964 : 623.

[16] Ionică, 1996: 80.

[17] Ionică, 1996 : 75.

[18] Le développement de la forme de la couronne est présenté par Ionică, 1996 : 75. La couronne saxonne: Pozsony, 1997 : 208.

[19] Moldoveanu–Nestor, 1964: 623.

[20] Moldoveanu–Nestor, 1964: 623; Bîrlea, 1981: 409.

[21] Ionică, 1996: 111–112.

[22] Ionică, 1996: 115–118; Moldoveanu–Nestor, 1964: 624; Pozsony, 1997: 207. L'arrosage de la couronne a une fonction magique. Elle assure la fécondité des plantes et la pluie pour la saison agraire suivante.

[23] Moldoveanu–Nestor, 1964 : 625 ; Bîrlea, 1981: 413.

[24] Ionică, 1996: 135; Moldoveanu–Nestor; 1964: 625.

[25] Pozsony, 1998: 183–185.

[26] Ionică, 1996: 47.

[27] Bîrlea, 1981: 414.

[28] La typologie: Bîrlea, 1981: 410–411. Le caractère rituel de la chanson a été analysé par Cocişiu, 1991–1993; D.Pop a analysé ses rapports aux cantiques de Noël (Pop, 1968), N.Bot ses rapports au *pluguşor* (Bot, 1971), et Brăiloiu avec les chansons de mariage (Brăiloiu, 1981).

[29] Il s'agit d'anéantissement symbolique du démon agraire et, par conséquence, de l'assurance de la fécondité. Frazer, 1965: 258–260; Ionică, 1996: 155; Ujváry, 1969: 120–130; Pozsony, 1997: 212.

[30] Ionică, 1996: 86.

[31] Ces derniers épis devaient assurer la récolte suivante. Ionică, 1996: 136, 155; Moldoveanu–Nestor, 1964: 611; Pozsony, 1997: 205.
[32] Mme Cuceu elle–même arrive à de pareilles conclusions. Cuceu, 1996 : 272.

Bibliographie :

- Barabás, László, 1998, *Forog az esztendő kereke*. Sóvidéki népszokások. Marosvásárhely

- Bîrlea, Ovidiu, 1981, *Folclorul românesc*. I–II. Bucureşti

- Bot, Nicolae, 1971, *Contribuţii la studiul cântecelor de seceriş*. Analele Societăţii de Limba Română. II. 127–136.

- Bot, Nicolae, 1989, *Cântecele cununii*. Antologie... Bucureşti

- Cocişiu, Ilarion, 1991–1993, *Despre dialectul muzical ardelean*. Anuarul Arhivei de Folclor. XII–XIV. 37–141.

- Cuceu, Maria–Paulina, 1996, *Obiceiul cununii la seceriş în folclorismul românesc*. Cluj (Teză de doctorat)

- Frazer, James George, 1965, *Az aranyág*. Budapest

- Ionică, Ion.I., 1943/1996, *Dealu Mohului. Ceremonia agrară a cununii în Ţara Oltului*. Bucureşti

- Moldoveanu–Nestor, Elisabeta, 1964, *Cununa – Sărbătoare a secerişului*. Revista de Etnografie şi Folclor. IX. nr.6. 615–634.

- Pop, Dumitru, 1968, *Între cântecele de secere şi colinde*. Folclor literar II. 185–191.

- Pozsony, Ferenc, 1997, *Az erdélyi szászok jeles napi szokásai*. Csíkszereda.

- Pozsony, Ferenc, 1998, *Szól a kakas már. Szász hatás az erdélyi magyar jeles napi szokásokban*. Csíkszereda

- Ujváry, Zoltán, 1969, *Az agrárkultusz kutatása*. Debrecen

Fêtes et rites agraires à Chypre : le blé, l'olivier et la vigne

Euphrosyne RIZOPOULOU-EGOUMENIDOU
Université de Chypre, Nicosie

Résumé : Cet article s'intéresse à l'ensemble des coutumes agraires chypriotes. Sont étudiées les coutumes liées aux cycles de production des principaux produits agricoles : le blé, la vigne et l'olivier. Le cas du blé est étudié à travers les coutumes liées aux semailles et aux moissons (interdits rituels, bénédictions, saynètes, valeurs magiques des chiffres) et à travers son rôle dans certaines fêtes liturgiques. L'olivier appelle moins de coutumes rituelles : ces dernières sont surtout liées à l'augure d'une bonne récolte et à l'extraction de l'huile au moulin, bien que les produits oléicoles interviennent aussi lors des célébrations liturgiques (lors des Rameaux, mais aussi des fêtes du cycle de vie). Puis sont décrits la plantation d'une nouvelle vigne (proverbes associés à l'événement, repas, prescriptions coutumières), les saints liés à la vigne, les réjouissances des vendanges et de la vinification. La longévité des coutumes agraires est expliquée par le fait que les anciens vivaient en harmonie avec le cycle naturel des saisons et construisaient leurs rites en fonction de celui-ci.

Chypre a toujours été un pays agricole dont l'économie reposait principalement sur la culture de la terre. Même durant la première phase de la domination britannique, soit de 1878 jusqu'à l'annexion de l'île à la Couronne d'Angleterre en 1914, le pourcentage de la population active employée dans les travaux agricoles atteignait 80%. La plupart des cultivateurs possédaient de petits lots de terre, tandis que d'autres travaillaient, en échange d'une part des récoltes, dans de grands domaines qui appartenaient soit à l'Eglise ou à l'EFCAF, soit à quelques grands propriétaires terriens. Les principaux produits de la terre étaient le blé et l'orge, le raisin, les caroubes, les olives et les agrumes.

Ce domaine vital de l'économie rencontrait des problèmes majeurs tels que les longues périodes de sécheresse aggravées par le manque de travaux d'irrigation qui auraient pu mettre à profit la pluviosité même limitée de l'île, ainsi que le morcellement de la terre en petits champs cultivés au moyen d'outils primitifs selon des méthodes également primaires, mais dont la production suffisait aux besoins familiaux essentiels. De toute façon l'emploi de machines modernes sur de petites étendues de terre était foncièrement anti-économique.

L'administration britannique fit face à cette situation en prenant des mesures visant à une certaine amélioration, sans jamais concevoir toutefois de programmation à long terme. Ces mesures comprenaient l'importation de meilleures semences d'une plus grande variété, l'introduction de nouvelles cultures dont la plus importante fut celle de la pomme de terre, la consécration des foires agricoles avec attribution de prix aux meilleurs produits locaux et de récompenses pour la plantation d'oliviers, la lutte contre les sauterelles et autres. Ces mesures donnèrent sans aucun doute une certaine impulsion à l'agriculture dans son ensemble. Le premier service gouvernemental d'agriculture fut fondé en 1890.

La production agricole connut un brusque essor durant la Première Guerre mondiale en raison de l'accroissement de la demande de la part des pays qui se trouvaient impliqués dans la guerre, mais décrut brutalement à la fin des hostilités. Les endettements s'accrurent et nombreux furent les paysans qui perdirent leurs terres au profit des usuriers. Une importante mesure positive fut l'abolition de la dîme sur les céréales en 1926. Mais la crise économique mondiale des années 1929-1931 et la sécheresse des années 1932-1933 eurent de nouveau pour conséquences la chute de la production agricole et l'accroissement de l'endettement rural avec augmentation du nombre de paysans dépossédés de leurs terres. Les difficultés économiques contribuèrent à l'aggravation de la crise politique qui aboutit à la rébellion d'octobre 1931 contre le gouvernement britannique.

Pendant la période qui s'écoula jusqu'à la Seconde Guerre mondiale, les céréales continuèrent à occuper la première place dans l'agriculture, tandis que la culture de la vigne se développait. Le blocus exercé sur Chypre par l'Europe pendant toute la durée de la guerre eut de graves répercussions sur la production agricole.

Les années 1950 furent marquées par une élévation du niveau de vie, mais la lutte de Libération nationale en 1955-1959 eut une influence négative sur l'économie de l'île. Pendant les deux décennies qui précédèrent la Déclaration d'Indépendance de 1960, l'agriculture avait commencé à donner des signes d'abandon. La raison principale en était l'emploi de la population rurale dans l'industrie entraînant le déplacement progressif mais constant de cette population vers les centres urbains (sur l'état de l'économie et de l'agriculture de 1878 à 1960, voir Angelides, 1996 : 209-228). La tendance à l'exode rural et à la concentration urbaine de la population s'accrut encore après l'Indépendance.

Une des conséquences du développement général fut le changement des moyens et des méthodes de production. L'emploi de méthodes modernes de mécanisation de l'agriculture, les changements dans le mode de préparation, de transport et de distribution des produits agricoles altérèrent foncièrement le caractère de l'agriculture traditionnelle comme de toutes les autres activités de la vie traditionnelle.

Sur le fond des conditions que nous avons esquissées ci-dessus, nous suivrons les fêtes et rites agraires tels qu'ils ont subsisté au 20e siècle en liaison directe avec les cultures traditionnelles jusqu'à l'extinction presque complète des unes et des autres.

Nous nous limiterons aux coutumes qui se rapportent aux trois cultures principales, le blé, l'olivier et la vigne, non seulement parce que ces cultures constituaient la base de l'économie rurale, mais aussi parce que leurs produits, en raison de leur importance vitale pour l'alimentation, ont pris depuis les temps les plus anciens un caractère sacré et symbolique. Le pain, l'huile et le vin occupent une place dominante dans la conception de la vie et dans la foi de l'homme traditionnel qu'il exprime par des superstitions et manifeste en pratique par des coutumes et des rites concrets visant à assurer le succès de la production, soit l'abondance de la récolte.

Cette étude s'appuie à la fois sur les publications de coutumes qui ont été recueillies au cours du 20e siècle, même si elles remontent à des époques plus anciennes, et sur les témoignages oraux de personnes âgées qui ont connu et pratiqué elles-mêmes ces rites agraires.

Le blé :

Les principales coutumes en rapport avec le blé ou l'orge sont associées aux semailles et à la moisson. Les préparatifs des semailles commençaient en septembre. A la fête de l'Exaltation de la Sainte Croix, le 14 septembre, les paysans apportaient à l'église dans un mouchoir de la semence de blé et d'orge et la déposaient, pour qu'elle soit bénite, sous la table où était placée la Sainte Croix. Ils rapportaient chez eux la semence bénite et la dispersaient dans les granges à blé ou la mélangeaient à d'autres grains qu'ils avaient gardés depuis le battage et la semaient le premier jour des semailles (Papacharalambous, 1965 : 193). Le même jour ils rapportaient aussi de l'église de l'eau de rose et en faisaient, en la mélangeant à de la farine, du levain qu'ils utilisaient pour pétrir le pain. Ils mêlaient aussi des morceaux secs de ce levain bénit à la semence qu'ils allaient semer pour que les semailles fussent également bénites (Lazarou, 1998 : 54). En certains endroits comme à Troullous, deux ou trois jours avant la fête de la Sainte Croix, les paysans faisaient une quête, recueillant de l'argent et du pain, du blé et de l'orge qu'ils consacraient ensuite à Stavrovouni afin que l'année fût bonne (Economou, 1982 : 106). Ailleurs la bénédiction des semences se faisait le 3 novembre, fête de Saint-Georges du Grain, jour où devaient commencer régulièrement les semailles. Avant qu'on ne commençât à semer, on appelait le prêtre pour qu'il vînt avec l'eau bénite asperger les semences de céréales qu'on avait mises dans une assiette. Dans certains villages on mettait dans le couffin de semences une grenade bien rouge en espérant que le blé qui en sortirait serait gros et rouge-doré comme la grenade. Le même caractère de magie homéopathique se retrouve dans la coutume qui voulait que le paysan ne se rasât pas de toute la durée des semailles. Dans le Karpass on croyait même qu'il fallait qu'il s'abstînt de tout rapport sexuel. Avant le début des semailles il fallait préparer des galettes spéciales que le cultivateur devait manger ou emporter aux champs avec lui (Kypri-Protopapa, 1997 : 296). Quand les semailles étaient en train, il devait ne donner de chez lui à personne des allumettes, du feu ou de la braise, car on redoutait que les champs ensemencés ne fussent détruits par la maladie communément appelée le charbon du blé (Panaretos, 1967 : 225-227).

Les semailles commençaient d'ordinaire un lundi ou un mercredi, mais jamais un mardi, considéré comme jour néfaste. Si au lever du soleil, la lune se trouvait toujours dans le ciel, il ne fallait ni semer ni planter (Panaretos, 1967 : 226).

Quand les semailles étaient terminées, le semeur dessinait avec sa charrue une immense croix allant d'un bout du champ à l'autre ou encore il traçait une grande croix au bout du champ et l'entourait d'une rigole circulaire en faisant le vœu que le tas de blé récolté fut à sa base aussi grand que le cercle.

Les bonnes récoltes dépendaient en fait de la tombée des pluies au moment voulu, la pluviosité étant de la première importance pour la production agricole. Les pluies d'octobre étaient particulièrement bienfaisantes pour les semailles. Si les pluies tardaient à venir, les paysans recouraient aux implorations et aux veillées de prières, habituellement dans des églises consacrées au Prophète Elie, substitut du Zeus de la pluie des Anciens (Papacharalambous, 1965 : 195).

Pour que poussent les semences, le jour de la Saint-Basile, on mettait un peu de blé avec de l'eau dans une assiette et on le laissait germer jusqu'au jour des Rois. Le lendemain des Rois, on plantait le blé germé dans le meilleur champ et on aspergeait de l'eau bénite de l'Epiphanie tous les champs ensemencés pour les faire fructifier (Paschalides, 1957 : 282).

Le premier mars au matin on avait l'habitude de s'humecter le visage avec la rosée qu'on recueillait sur les pousses de blé pour ne pas brunir au soleil et garder la peau blanche comme le blé (*aspri sitarati*). On évitait cependant la rosée tombée sur l'orge (*krithari*) de peur d'avoir les petits furoncles qui se développent à la racine des cils et nommés précisément orgelets (*klitharkes*) (Pharmakides, 1938 : 15).

A la moisson sont associées d'importantes coutumes rituelles et la représentation de saynètes.

La moisson du blé commençait vers le 20 mai et durait un mois ou plus. On jugeait bon de laisser passer le dimanche après le début de la nouvelle lune avant de commencer, de préférence, un samedi. On moissonnait à l'aide de faucilles recourbées et comme on avait besoin de nombreux bras, les familles s'entraidaient et on faisait aussi venir des ouvriers d'autres régions. Chacun avait sa place et le travail se faisait au rythme de chants accompagnant le mouvement rythmé des faucilles. Le premier ouvrier donnait le ton avec quelqu'un d'autre doté d'une belle voix, le premier ouvrier étant celui qui ouvrait le chemin dans les blés et séparait le champ en bandes qu'on moissonnerait l'une après l'autre. A ses côtés un autre moissonneur préparait la place du moissonneur suivant sur qui retombait le plus gros travail, tandis que le dernier en ligne le *laaris* (du mot *ouraris*, de *oura*, la queue) arrondissait le bout du morceau de champ moissonné. Les moissonneurs étaient suivis des femmes qui rassemblaient le blé moissonné et le liaient en gerbes.

La rivalité des moissonneurs entre eux provoquait de véritables batailles, dont le vainqueur était celui qui chasserait l'autre de sa place ou lui prendrait le blé à couper. Chacun voulait montrer, pour se faire valoir, sa dextérité à jouer de la faucille et à faucher le blé en rythme. Mais on pense que ces jeux de la moisson perpétuent en fait des danses anciennes de caractère symbolique aujourd'hui oublié. Les plaisanteries, les taquineries, les chansons et les jeux de la moisson avaient été consacrés par la tradition et constituaient des *dromena*, saynètes répétées d'année en année qui rappelaient des rites magiques très anciens. En particulier, la danse de la faucille qui a survécu comme danse populaire à Chypre, surtout dans les régions de Paphos et du Karpass, aux extrémités sud-ouest et nord-est de l'île qui sont restées plus attachées aux coutumes locales, a été interprétée comme une danse rituelle en rapport avec la fécondité (pour l'interprétation de la danse de la faucille, voir Andreou, 1972 : 97-104). On considère que le jeu du lièvre et du chasseur avait aussi un caractère symbolique : le rôle du lièvre était tenu par un moissonneur mince et agile et celui du chasseur, au contraire, par un moissonneur grand et gros. Le lièvre se frayait avec sa faucille un chemin sinueux tout en cachant son corps dans les blés non coupés afin que le chasseur perde ses traces. Le chasseur s'efforçait de s'approcher du lièvre en décrivant des cercles ou en faisant semblant de changer de direction jusqu'au moment où, arrivé à portée d'arme, il le tuait en lui lançant des épis en guise de balles. Pour finir le jeu, le lièvre ressuscité et le chasseur se chargeaient de moissonner tout le blé qu'ils avaient encerclé dans leurs mouvements (Samaras, 1953 : 166-168). Dans cette coutume qui se rencontre dans d'autres pays européens (en France, en Italie, en Allemagne, en Hollande, en Suède), le lièvre incarnerait l'esprit du blé dont les moissonneurs essaient symboliquement de s'emparer pour s'assurer une bonne récolte (Papacharalambous, 1965 : 200-201).

Le repas habituel des moissonneurs, particulièrement dans la plaine de la Mésaorie, consistait en blé pilaf, fait de blé broyé, de vermicelles et de lardons, *titsiries*, petits morceaux de graisse frits dans l'huile (Lazarou, 1998 : 53).

D'autres coutumes de caractère populaire et religieux clôturaient la moisson ; ainsi, on laissait un petit morceau de champ non moissonné, on s'emparait du propriétaire du champ qu'on soulevait en l'air et, le tenant au-dessus d'un buisson épineux ou agitant les faucilles d'un air menaçant au-dessus de sa tête, on le forçait à promettre d'offrir un grand repas qui comprendrait de la volaille, du vin et des *pishies*, crêpes faites de pâte étendue au rouleau, enduites de graisse de porc, frites dans l'huile et saupoudrées de sucre ou enduites de miel, ou encore des *xerotigana*. On lâchait le maître du champ quand on avait obtenu de lui la promesse qu'il offrirait le repas et c'est seulement alors qu'on moissonnait le dernier morceau du champ en décrivant une croix. On liait en forme de croix les épis qui provenaient de la croix moissonnée et on les plantait au sommet des meules dressées sur l'*aloni* ou aire de battage, ou encore on les tressait en *psatharkes*, ornements faits d'épis en forme de T, de caractère décoratif et symbolique, qu'on accrochait aux murs des maisons. On portait à l'église, le jour de la fête de la Sainte-Croix ou de la Saint-Georges du Grain, les grains provenant des épis de la croix dessinée dans le dernier morceau du champ, pour les faire bénir et les semer lors de la prochaine récolte (Papacharalambous, 1965 : 201-203).

Après la moisson on battait le blé sur l'aire et on l'éventait. Juste après le battage, un envoyé du gouvernement venait sur l'aire pour contrôler et sceller le tas de grain qu'on mesurait et que l'on inscrivait sur les registres pour que l'on calcule le dixième que le gouvernement soustrayait pour l'impôt de la dîme. Mais même de cette pénible procédure qui privait les pauvres gens d'une partie de la récolte qu'ils avaient acquise au prix de tant de peine, le peuple se moquait gentiment dans des vers qui donnaient un sens aux chiffres et allégeaient la corvée :

1: Dieu est un
2: cornes aux bœufs
3: cierges au candélabre
4: coins à la croix
5: doigts à la main
6: étoiles aux Pléiades
7: planètes au ciel
8: bras à la pieuvre
9: mois pour un enfant
10: sont les apôtres
11: sont les archanges
12: sont les disciples
(d'après Agathocles Lemoniati de Trachypedoula).

Les travaux agricoles dépendaient non seulement des conditions climatiques qui avaient une influence directe sur l'agriculture et que les cultivateurs devaient observer et prévoir tout au cours de l'année, mais ils avaient aussi été mis en rapport avec l'apparition de certaines constellations.

Ainsi, pour le début des semailles, on prenait repère sur la constellation d'Orion qu'on appelait à cause de sa conformation *poaetri* (pied (soc) de la charrue) (Lazarou, 1998 : 27). On croyait aussi qu'il fallait avoir fini les moissons avant l'apparition de la constellation des Pléiades en juin, sinon les céréales se desséchaient et s'émiettaient (Pharmakides, 1938 : 36).

Les diverses maladies qui touchaient les plantations posaient de graves problèmes aux paysans qui, pour y remédier, demandaient secours à Dieu et, plus particulièrement, à certains saints que la tradition avait consacrés comme saints protecteurs. Tel était le cas de saint Tryphon, considéré par excellence comme le saint qui chasse les insectes dévastateurs et les maladies nocives des cultures. Pour prévenir ces maux, le 1e février, jour de la fête du saint, on prenait de l'eau bénite à l'église après la bénédiction du prêtre et on en aspergeait les champs (Papacharalambous, 1965 : 211). Ce saint, lié à la vie agreste en général, a sans doute succédé aux dieux de la végétation de l'Antiquité tels que Priape, et certaines manifestations en rapport avec ce saint, comme c'est aussi le cas avec d'autres saints, ont un caractère plus païen que chrétien. Dans quelques villages de la région de Paphos (Iolou, Houlou), on recueillait de la poussière dans la chapelle du saint et on la répandait dans les champs pour les protéger des insectes dévastateurs (Paraskevopoulou, 1982 : 112).

Il n'est pas sans intérêt de faire remarquer que les fêtes de certains saints constituaient des repères pour les paysans et que les grandes foires qui avaient lieu à ces occasions, en plus de leur caractère religieux, servaient aux besoins commerciaux du monde rural. Le cas des deux fêtes de la Saint-Georges, le 23 avril et le 3 novembre, en est un exemple caractéristique. Lors de la première fête en avril, les foires qui se tenaient dans de nombreux villages de Chypre et dont la plus grande avait lieu à Larnaca, donnaient l'occasion aux cultivateurs de céréales d'acheter ce qui leur était nécessaire avant la moisson, tandis que la seconde, à la fête de Saint-Georges du Grain, les pourvoyait en tout ce dont ils avaient besoin pour les semailles (Christodoulou, 1959 : 102).

C'est à la culture des céréales que sont liés la plupart des fêtes et des rites agraires dont nous n'avons rapporté que les plus importants et les plus répandus. En dehors de cela, le blé par lui-même était utilisé, et l'est encore, à certaines occasions, rites ou coutumes de caractère magico-religieux : nous mentionnerons entre autres les *kollyva*, blé cuit que l'on prépare pour les messes d'anniversaire d'un mort ou que l'on porte à l'église les jours où l'on célèbre sa propre fête. A la messe de vêpres de la Saint-Théodore (le 8 février), dans certains villages, ainsi à Lefkoniko, les jeunes gens et les jeunes filles choisissaient sept grains de blé parmi les *kollyva* qu'avait apportés, en même temps qu'une galette au sésame, celui qui célébrait la fête du saint et ils les mettaient le soir sous leur oreiller, pliés dans un morceau de tissu rouge, pour que le saint agît de façon à ce que la personne qui les intéressait montrât son amour (Sougli, 1963 : 430). La veille de la fête du Prophète Elie (le 20 juillet), dans certains villages du Karpass, on exposait en plein air une ocque de blé et si le blé était plus lourd le lendemain matin, c'était un présage d'abondance (Papacharalambous, 1965 : 223). Le blé servait aussi, la veille de la fête de la Saint Elie, à prévoir le temps des mois de l'année : on en mettait avec du sel dans les douze cavités d'une planche à porter les pains au four qu'on laissait exposée dans la cour. Le lendemain matin on observait si de l'humidité, et combien d'humidité, s'était déposée au fond des cavités et on en concluait qu'il pleuvrait ou non et combien il pleuvrait au cours des mois correspondants (Paschalides, 1957 : 284).

Il serait hors des limites de la présente étude de rapporter les très nombreuses coutumes et rites traditionnels liés au caractère sacré et aux vertus protectrices et curatives du pain sous diverses formes, coutumes qui accompagnent non seulement les grandes fêtes religieuses, mais encore tous les moments importants de la vie de l'homme, de la naissance à la mort (sur les différents modes de pétrissage du pain traditionnels, leur emploi et leur signification dans les coutumes de Chypre, voir Kypri-Protopapa, 1997).

L'olivier :

L'huile est, après le blé, le second élément essentiel de l'alimentation et le pain accompagné d'oignon et d'olives noires conservées au sel constituait jusqu'à un passé récent le repas du berger, du paysan et de l'ouvrier pris sur le lieu de travail. Chypre était connue dès l'Antiquité pour son huile (Chypre « à la bonne huile » selon Strabon), l'huile chypriote étant appréciée pour être légère et digeste.

Au Moyen Age, les oliviers poussaient très nombreux dans l'île, mais la plupart étaient à l'état sauvage, situation qui s'était perpétuée jusqu'aux temps de la domination britannique (1878-1960). En 1937 Chypre possédait deux millions vingt-cinq mille oliviers, dont un million d'oliviers sauvages. Pour obtenir un certain rendement, il fallait les greffer et les cultiver. De 1948 à 1968, le nombre d'oliviers a augmenté de 40%.

L'olivier se cultive dans toutes les régions de l'île, mais l'exportation d'huile était rarement possible, à l'exception d'années de très bonne production. Ordinairement la production couvrait à peine les besoins de Chypre et même, dans les années de moindre production, il était nécessaire d'importer de grandes quantités d'huile (Aristidou, 1986 : 50-52). L'olivier est un arbre d'une grande longévité : à Chypre, les oliviers creux sont communément appelés *francoelies*, *oliviers francs*, parce que l'on croit qu'ils ont été plantés au temps de la domination franque (1191-1489). L'olivier est aussi un arbre résistant et frugal, qui peut pousser dans différents terrains, même impropres à la culture d'autres espèces, et qui se renouvelle à partir de nouvelles pousses. La culture de l'olivier ne demande pas les soins de celles de la vigne et des céréales et c'est peut-être pourquoi on trouve moins de coutumes agraires qui lui sont liées. Cependant, les vertus de l'arbre et l'importance de l'huile dans la vie des hommes ont contribué à maintenir la croyance que l'olivier est un arbre bénit et sacré auquel on a donné une valeur hautement symbolique.

La saison critique dans la culture de l'olivier est celle de la floraison, quand le fruit est petit et tendre. C'est pourquoi le proverbe dit que quand mai tonne et luit d'éclairs, il n'y aura ni olives, ni huile (Christodoulou, 1959 : 171).

Pour obtenir une meilleure production, on taillait adéquatement les oliviers tous les deux ou trois ans. On commençait à ramasser les olives en août et les producteurs avaient coutume de faire don à l'église d'une bouteille de l'huile de cette première récolte qui provenait d'olives que le vent avait fait tomber. A l'Est de Kerynia, dans une région aujourd'hui occupée, de nombreux villageois allaient sur leur âne du village de Kazaphani et d'autres villages à l'église du Chrysosotirou à Akanthou, le 6 août, et y passaient la nuit (Hadjicostas, 1995 : 150). La deuxième récolte se faisait à la fin de septembre et en octobre. Les hommes grimpaient sur les arbres et donnaient des coups de pied dans les branches pour faire tomber les olives que ramassaient alors les autres membres de la famille ou des ouvrières, les *eliomazochtres*, les ramasseuses d'olives. Au début de l'hiver avait lieu la dernière cueillette. Les hommes gaulaient les arbres avec de longs bâtons ou de longues cannes. Cette très ancienne méthode facilitait la cueillette, mais abîmait les arbres (voir une référence à ce mode de ramassage des olives dans un rapport consulaire de 1844 : Papadopoullos, 1980 : 20).

Les familles s'entraidaient l'une l'autre pour la cueillette des olives et à la fin du travail le propriétaire invitait tous ceux qui avaient aidé à un repas où l'on servait des poules, des macaronis et des *pishies*, sortes de galettes (Kypri-Protopapa, 1997 : 293).

On laissait pour les pauvres les olives qui restaient sur les arbres après la cueillette, appelées *pongoura* (Hadjicostas, 1995 : 151, avec référence à la coutume biblique analogue citée dans le Deutéronome, chap. 24, 20). Les grappes de petites olives qui pendent des branches aux côtés des olives normales sur les oliviers de Chypre sont appelées au village d'Akaki *martaoulia* et selon une croyance très ancienne, les arbres qui portaient de très nombreuses de ces petites grappes d'olives donneraient une bonne production l'année suivante (Demetriou, 1993 : 50). A la Sainte Irène, le 5 mai, on prévoyait la production d'olives en observant les arbres pour voir s'il y avait trois olives ensemble sur une même queue, ce que l'on considérait comme un présage d'une abondante récolte (Pharmakides, 1938 : 34). A Karavas, dans le district de Kerynia, on croyait que l'année serait bonne pour les oliviers si les planètes suivaient la lune ou si la plante appelée *anathrika*, *la férule*, était spécialement feuillue (Panaretos, 1967 : 255).

L'extraction de l'huile dans les pressoirs traditionnels était une opération particulièrement laborieuse. Ces pressoirs primitifs qui étaient encore utilisés au moins jusqu'aux années 1950 ont été désormais remplacés par des pressoirs équipés de mécanismes modernes.

Le processus ancien était le suivant : sitôt ramassées, les olives étaient étendues sur des toiles à terre afin de sécher. Lorsqu'on en avait rassemblé une quantité suffisante, on les lavait. Elles étaient alors portées au moulin où elles étaient broyées par une meule de pierre que faisaient tourner soit des hommes soit des animaux. On remplissait de la pulpe obtenue les *zembilia*, paniers ronds tressés, fermés, comportant un trou en leur milieu, que l'on mettait dans le pressoir. On les pressait trois fois, la première fois sans eau et la fois suivante en jetant par-dessus de l'eau bouillante qui entraînait l'huile restante. Cette huile s'écoulait dans un récipient où elle surnageait et où on la recueillait.

Une coutume intéressante en rapport avec la fabrication de l'huile, dont le souvenir reste vivace dans la mémoire de Chypriotes qui ont connu les vieux moulins à huile, était pratiquée dans plusieurs régions de l'île (dans des villages de montagne du district de Nicosie, mais aussi dans des villages isolés du district de Limassol). Au moment où commençait à couler la première huile du pressoir, qu'on appelle *adolo*, *pure*, l'assistance se mettait à rire à grands éclats qui s'entendaient de loin, car on croyait qu'ainsi on aurait une huile abondante et pure comme *to mati tou caourou*, l'œil du crabe (il s'agit ici du crabe transparent d'eau douce, le *potamion potamios*) (selon les témoignages oraux de Panayiotis Papaioannou de Palaechori et d'Agathocles Lemoniatis de Trachypedoula). Cette coutume semble se ranger dans la catégorie des coutumes de magie homéopathique, puisqu'on essaie d'obtenir par un rire abondant et clair des vertus analogues, soit l'abondance et la pureté, pour la substance dont on cherche à influencer la production.

Lorsque l'huile nouvelle sortait du pressoir, les femmes avaient coutume de confectionner et d'offrir des galettes sèches, *xerotigana* ou *pishies* ou des galettes à l'huile qui se mangeaient avec du sucre (Kypri-Protopapa, 1997 : 294).

Ceux qui travaillaient au pressoir faisaient griller des tranches de pain sur des charbons, appelées *kapyres*, qu'ils mangeaient après les avoir trempées dans l'huile fraîche. Aujourd'hui encore, lorsqu'on visite les pressoirs à huile désormais ultra-modernes des villages les jours où l'on presse les olives, on vous offre une tranche de pain grillé avec de l'huile et des olives.

On trouve encore dans des villages de Chypre de ces pressoirs à huile traditionnels dont d'assez nombreux ont été déclarés *monuments anciens* par le Département des Antiquités. Certains ont été restaurés avec l'aide du gouvernement qui contribue aux frais dans la proportion de 50%. On remarque au cours de ces dernières années un intérêt particulier de la part des communes et des associations d'expatriés pour la conservation des moulins à huile de leurs villages, et non seulement des lieux, mais aussi des installations, des outils et des ustensiles qu'on utilisait, avec la perspective de faire revivre aussi les anciennes coutumes. Tel est le cas du pressoir à huile de Palaechori, dont la restauration a été entièrement assumée par la Fondation A.G. Leventis.

De nombreuses coutumes populaires se rapportent à l'olivier, à l'arbre lui-même, ses feuilles et ses rameaux, ainsi qu'à l'huile. A Chypre, il existe une variété d'olivier appelée *apostolique*, dont la tradition rapporte qu'elle tire son origine des noyaux d'olives jetés par les apôtres Paul et Barnabé durant leur tour de Chypre (Pavlides, 1986 : 53).

A Chypre, le dimanche des Rameaux est nommé dimanche de l'Olivier. Les fidèles s'épinglaient sur la poitrine deux feuilles d'olivier en forme de croix et, en de nombreux endroits, mettaient un rameau d'olivier à l'entrée ou aux fenêtres de leur demeure. On a encore coutume ce jour-là, partout dans l'île, d'avoir avec soi à l'église un rameau d'olivier qu'on effeuille pendant la lecture de l'Evangile. On apporte aussi à l'église les jours suivants jusqu'au Jeudi Saint, des sacs pleins de feuilles d'olivier qu'on y laisse pendant quarante jours pour qu'elles soient bénites. Ces feuilles bénites serviront toute l'année au *kapnisma*, pratique qui veut qu'on brûle des feuilles d'olivier dans un petit brûle-encens en faisant le tour de la maison pour en chasser le mauvais oeil, à l'occasion des mariages, des fêtes ou encore lorsqu'on entreprend un travail.

Les feuilles d'olivier servaient aussi à des pratiques de divination : ainsi, la veille du Jour de l'An, les amoureux jetaient des feuilles d'olivier sur des charbons ardents en priant saint Basile de leur révéler si la personne qu'ils aimaient répondaient à leur amour. A Karmi dans le district de Kerynia, on invoquait ainsi saint Basile : « Saint Basile roi, monte sur l'olivier, coupe des feuilles et des rameaux et montre et révèle-moi si un(e) tel(le) m'aime... » (Papacharalambous, 1965 : 164-165).

Egalement, les couronnes de mariage étaient initialement faites d'un rameau d'olivier, ainsi que les décrivent les voyageurs Michaut et Poujoulat (1830-1831 : 536) : « une couronne d'olivier bordée de soie » (voir aussi Rousounides, 1988 : 28-30). On glissait aussi un rameau d'olivier dans l'oreiller du mort. On croisait trois feuilles d'olivier sur la tête de l'agonisant en invoquant le nom d'un absent aimé et on les mettait à son chevet pour qu'il rendît l'âme plus aisément (Papacharalambous, 1965 : 145).

Le produit de l'olivier, l'huile, a aussi un caractère sacré et symbolique. On l'utilise dans les rites du culte orthodoxe, ainsi pour le baptême, et on en remplit les veilleuses qu'on met dans les maisons, devant les icônes, sur les tombes et dans les églises. Pendant la cérémonie de l'enterrement, le prêtre verse sur le mort, en traçant le signe de croix, l'huile d'une assiette, qu'il brise ensuite sur la tombe (Papacharalambous, 1965 : 145). Cette coutume est encore pratiquée de nos jours. (Pour l'usage de l'olivier dans le folklore, le culte populaire, les traditions, la divination, la médecine populaire, etc., voir Rousounides, 1988 : 23-71).

La vigne :

La culture de la vigne à Chypre remonte au second millénaire avant notre ère (Karageorghis, 1993 : 30-45) et continue à être d'une importance non négligeable, puisque aujourd'hui encore, la viticulture est l'occupation principale ou partielle de près d'un quart de la population rurale. Les vignes occupent plus de 10% de l'ensemble des terres cultivées et la contribution de la production viticole s'élève à près de 7% de la valeur globale de la production agricole (Roumbas, 1993 : 47).

La culture de la vigne constitue un des aspects précieux de la vie rurale traditionnelle à Chypre auquel sont associés un vocabulaire, des coutumes, croyances, chansons, traditions et proverbes.

La plantation d'une nouvelle vigne dans une société traditionnelle était un travail particulièrement laborieux. Il fallait bêcher le champ sur une profondeur de deux à trois pieds et le dépierrer. Il fallait encore soutenir le champ par des murets de pierres sèches, les *domès*, pour empêcher l'érosion. Un proverbe dit par exemple « fais-moi un mur que je te fasse mur », c'est-à-dire « fort, riche » (Xioutas, 1985, B : 111). La culture de la vigne était un travail extrêmement pénible, c'est pourquoi on disait que « la vigne veut un bossu » (un bon vigneron est forcément bossu). Les travaux essentiels pour une bonne production de raisin étaient le labourage, le piochage et la taille, comme l'expriment les proverbes tels que « une année sans taille, cinq années sans fruit » ou encore « une année sans labourage, sept années sans raisin » ou encore « donne-moi à la racine que je te donne à la cruche » (pioche-moi pour que je te donne du vin), de même, à propos de la taille, « donne-moi à la tête que je te donne dans la jarre » (Xioutas, 1985, A : 416, 296, 297). La vigne personnifiée dit à son maître : « mets des vieux pour me tailler, des jeunes pour me bêcher, ne donne pas mes feuilles à manger (ne les donne pas en pâture à des bêtes) et de ton fumier (engrais) je n'ai pas besoin ». Un proverbe encore plus imagé est le suivant : « La vigne veut être taillée pour faire du raisin, la jeune fille veut être caressée et embrassée sur les lèvres » (Xioutas, 1984, A : 221 et Xioutas, 1985, C : 49).

Pour la plantation d'une nouvelle vigne on prenait des boutures, on les liait en bottes et on les enterrait à demi dans la terre pour qu'il leur pousse des racines jusqu'au jour où on les plantait. Mars était considéré comme un bon mois pour planter la vigne et mai, encore meilleur (« bonne plantation en mars et encore meilleure en mai », Xioutas, 1985, B : 23).

La plantation d'une vigne était un travail collectif et l'occasion d'une petite fête. Une des coutumes encore les plus vivantes de nos jours dans les « villages à vin » (*krasochoria*) était l'entraide des villageois pour la plantation d'une vigne. Tous participaient, hommes et femmes, en échange d'un repas frugal à midi et d'un bon repas le soir chez le propriétaire de la vigne. Pour que la plantation réussisse, il fallait que la lune soit dans son premier quartier et que ce soit de préférence un dimanche ou un jour de fête. Le prêtre venait bénir le champ avant qu'on ne commence à planter (Panaretos, 1923 : 139). On posait d'abord les repères qui fixaient l'espacement entre les plants. C'était les vieux qui, en tant que plus expérimentés, indiquaient où il fallait planter les nouveaux plants. L'un faisait un trou avec un outil de bois à deux branches à pointe de métal nommé *skala*, tandis qu'un autre tenait le plant. Dans les villages de la région de la Pitsilia, c'est un enfant qui tenait le plant et même, on ceignait le premier plant sur son postérieur à l'aide d'une ceinture pour que les plants soient féconds (Hadjitheodoulou, 1977 : 82). Un autre mettait le plant dans le trou en criant *ambelon, ambelon* (*vigne, vigne)*, un autre versait un peu d'eau, tandis qu'un autre jetait un peu de terre pour faire de la boue et plantait par trois fois un bâton pointu pour que la boue se colle au plant. Selon ce dont on avait besoin, on criait *nero, ambeli (de l'eau, le plant de vigne)*, et on complétait en pensant au dessert traditionnel qu'on allait manger, *tche anari me to meli (du fromage blanc avec du miel)*. Dans les villages de la Pitsilia, on avait coutume, pendant la plantation, de jeter un peu de vin avec l'eau dans le trou où on allait planter le premier plant, pour que la vigne produise beaucoup de vin. Dans les villages à vin de la région de Limassol, on plantait dans le premier trou trois plants pour que la vigne soit bénite par la Sainte Trinité. Quand on avait fini de planter, on tuait une chèvre ou un mouton pour que la vigne soit féconde (Panaretos, 1967 : 247-248). Dans ces mêmes villages, des musiciens jouaient de la viole et du luth, *laoudo*, pour distraire ceux qui travaillaient. Si quelqu'un passait près de la vigne que l'on était en train de planter, on lui offrait du vin à boire pour qu'il fasse des vœux pour la nouvelle vigne (Hadjitheodoulou, 1977 : 82). Il fallait que tous boivent abondamment pour porter bonne chance et assurer de bonnes récoltes à la vigne. Les chansons que l'on chantait à la fête exprimaient les mêmes vœux, ainsi : « la vigne que nous avons plantée, qu'elle vive mille ans, pour que nous mangions, buvions et nous réjouissions nous-mêmes et nos petits-enfants, prêtre, bénis-la toi aussi, qu'elle fasse du bon vin sec » (Panaretos, 1923 : 140-141).

Ce mode de plantation de la vigne est décrit comme la seule façon connue à l'époque à Chypre de planter la vigne, par le consul de France Doazan dans son rapport de 1855. Il rapporte en outre que les femmes participaient à la plantation et que le travail se faisait par groupes de cinq par sillon qui rivalisaient entre eux. Le consul fait même à ce propos le commentaire que les idées préconçues des vignerons étaient décevantes, que chacun ne faisait que répéter ce que faisait son père sans essayer de tirer profit des nouvelles méthodes, de sorte qu'on ne voyait aucun changement ni aucune amélioration (Kyriazis, 1931 : 285-286). Pendant ces mêmes années (1853-1854), le Français Albert Gaudry décrit aussi les coutumes qui accompagnaient la plantation de la vigne : « Lorsqu'un homme plante, tous les cultivateurs voisins viennent à son aide ; ils ne reçoivent aucun salaire, mais seulement on les héberge, on les nourrit ; c'est un service mutuel que les Chypriotes se rendent de temps immémorial. La plantation des vignes est l'occasion de réjouissances semblables à celles de la vendange dans nos pays ; l'époque de son retour est l'occasion de fêtes générales » (Gaudry, 1855 : 343). Cent ans plus tard, vers le milieu du 20e siècle, la culture traditionnelle de la vigne utilisait les mêmes méthodes et était toujours accompagnée des mêmes coutumes (Christodoulou, 1959 : 156), qui, dans certains villages, comme par exemple à Omodhos, se sont maintenues jusqu'à aujourd'hui. Les mois critiques pour la vigne étaient le mois de mai, mois de la floraison et de la constitution du fruit, et le mois d'août, quand le raisin était presque mûr. La récolte pouvait être entièrement détruite par la pluie ou la grêle. C'est pourquoi on disait : « mai sans pluie, vendanges joyeuses » et « août sans pluie, moût abondant ». La vendange commençait sitôt après la fête de la Vierge (8 septembre) ou la fête de la Croix (le 14 septembre). C'était l'époque où deux grandes foires avaient lieu, l'une au monastère de Kykkos et l'autre à Omodhos. Plus bas, dans les plaines, on commençait la vendange plus tôt, sitôt après la fête de la Dormition de la Vierge du 15 aout (Xioutas, 1985, B : 171). La vendange se terminait en octobre/novembre.

Généralement, la culture de la vigne est associée à des saints. Saint Tryphon, patron de la vigne, est représenté sur des fresques, ainsi, sur une fresque (1747 A.D.) de l'église Saint-Georges d'Arpera, dans le village de Tersephanou du district de Larnaca. On le voit qui tient un outil servant à tailler la vigne, d'une forme semblable à celle des outils traditionnels. D'une forme analogue était l'outil de même usage qui était utilisé à l'âge du bronze à Chypre (Catling, 1964 : 85, fig. 8:5). Dans la région de Limassol, le patron des vignes était saint Tychon l'évêque d'Amathonte auquel on attribue le miracle suivant : cultivant sa vigne, les vignerons jetaient les sarments secs. Tychon prit l'un de ces sarments et le planta dans le sol en priant Dieu qu'il lui donnât les sucs de la vie, la fécondité, la douceur et une maturation précoce. Sa prière fut exaucée et depuis lors, la croyance s'est perpétuée que le 16 juin, jour de la fête du saint, et bien que ce ne soit pas encore le temps où le raisin mûrit, le même miracle se reproduit dans la vigne du saint à Amathonte : à l'heure de la messe, les raisins changent de couleur et deviennent doux si bien que leur jus peut servir à la communion à la fin de la messe. Selon la tradition, on avait eu besoin de vin pour la sainte communion, mais les raisins n'étaient pas mûrs. C'est alors que le saint avait accompli son miracle. Pressant quelques raisins, il avait utilisé leur jus pour la sainte communion. Les raisins précocement mûrs du saint sont considérés comme dotés de vertus thérapeutiques (Paraskevopoulou, 1982 : 86-87).

Hermann Usener, dans la monographie qu'il consacre à saint Tychon, soutient que ce miracle reprend des croyances païennes et n'a rien à voir avec l'Ecriture sainte. Le nom même du saint serait significatif : certaines sources mentionnent un Aphroditos Tychon et Tychon était aussi un des noms de Priape, fils de Dionysos et d'Aphrodite, dieu de la végétation et de la vigne en particulier. Plus précisément, le miracle de la vigne a peut-être à voir avec le culte de Dionysos, également dieu protecteur des vignes (Usener, 1907 : 3, 9-10, 17-34, 120-129). La croyance était répandue que les raisins précoces mûrissaient à la Saint Procope (8 juillet), mais aussi le jour de la fête de Sainte Marina (17 juillet) (« à la Saint Procope sois premier pour les figues et les raisins »), tandis qu'à la Saint Elie (20 juillet) apparaissaient les premières grappes mûres (« à la Saint

Procope le grain, à la Saint Elie, la grappe ») qu'on portait à l'église pour les faire bénir. On faisait rouler à terre quelques grains, « pour que la terre en mange » et on distribuait le reste des raisins entre les fidèles. On apportait aussi à l'église les premiers raisins le jour de la fête de la Transfiguration, le 6 août, pour les faire bénir et que soit aussi bénite la récolte (Papacharalambous, 1965 : 222-223 et Panaretos, 1967 : 247).

La vendange était aussi un travail collectif de caractère festif. Il fallait qu'elle se fasse tout d'un coup, sans interruption, tout comme la moisson et la cueillette des figues, sinon on croyait que la récolte pouvait être détruite (« un été, une vendange et une cueillette de figues ») (Xioutas, 1984, A : 417).

Les réjouissances des vendanges traditionnelles revivent chaque année à la fête du vin qui se tient à Limassol depuis 1961 avec la participation massive d'étrangers comme de Chypriotes. Les industries vinicoles chypriotes offrent gratuitement à tous les visiteurs du vin à satiété (Haggipavlou, 1993 : 116-121).

Après la vendange, le raisin était transporté à dos d'âne dans de grands paniers jusqu'au lieu où l'on devait le presser pour obtenir le moût. Cette opération se faisait dans de petits fouloirs ou de grands espaces équipés d'installations spéciales, qui ont gardé le nom ancien de *linos*. Certains de ces pressoirs sont conservés et ont été déclarés « *monuments anciens* ». Restaurés, ils constituent des exemples précieux de technologie pré-industrielle (Rizopoulou-Egoumenidou, 1989 : 20). Le vin était conservé dans d'énormes jarres d'argile, revêtues intérieurement de poix, que l'on trouve encore dans les réserves des villages, mais qu'on ne fabrique plus depuis le début des années 1970. C'est là que se faisait la fermentation. Pour mesurer le vin on prenait comme mesure la *kouza*, récipient contenant huit ocques, ou le *kartos*, récipient de 4 ocques. En mesurant le vin, on faisait un vœu pour chaque *kouza*, en complétant le chiffre par un jeu de mot (intraduisible en français) : 1: un seul Dieu, 2: cornes à la chèvre, 3: Sainte Trinité, 4: quatre coins à la croix, 5: mon Dieu, envoie ta bénédiction, 6: que le Christ en envoie beaucoup, 7: nous sommes là, 8: des milliers de *kouzes* .

Le vin était une partie intégrante de la vie traditionnelle. Selon le rapport de Surridge de 1929, chaque famille consommait chaque année environ cinquante bouteilles de vin et vingt bouteilles de *zivania* (eau de vie). Le vin de Chypre était renommé dès l'Antiquité et on lui attribuait la vertu de rajeunir les vieux et de redonner vie aux moribonds. Le vin le plus fameux était le vin de Commandaria, qui tire son nom de la Commanderie des Chevaliers de Saint-Jean. L'ordre des Chevaliers de Saint-Jean s'était rendu maître en 1307 de la région autour de Kolossi où l'on produisait, et où l'on produit encore aujourd'hui, ce vin fameux (Psaras, 1993 : 94) qui sert à la sainte communion où il prend un caractère sacré, devenant le sang du Christ. Ce n'est pas par hasard que ce vin a été associé à diverses coutumes ainsi qu'aux événements les plus importants de la vie familiale. A la naissance la sage-femme baignait le nouveau-né de vin et l'aspergeait de sel ou de sucre, car on croyait qu'il serait d'autant plus sage en grandissant (Pharmakides, 1938 : 130-131). Après un enterrement on sert encore du vin et du pain avec des olives et du *halloumi* (fromage), et après une exhumation on lave les ossements avec du vin de Commandaria. Les jours de fête, le vin coulait à flots, et comme l'a noté Mariti (1760-1767), le père avait coutume, à la naissance d'un enfant, d'enterrer une cruche de vin bien bouchée, pour qu'on l'ouvre et qu'on la boive le jour de son mariage (Mariti, 1769 (1971) : 116). Le vin vieux était considéré comme meilleur et, comme le dit le proverbe, « trois choses s'améliorent en vieillissant : l'amitié, le vin et l'olivier » (Xioutas, 1985, C : 446).

Les coutumes agraires que nous avons citées ci-dessus sont indissolublement associées à la vie du monde rural qui dépendait directement de la production agricole. Le paysan vivait en observant le cycle des saisons et l'évolution correspondante des cultures, auxquels il adaptait le cycle de sa propre vie, alternant labeur et loisir, à un rythme déterminé par les besoins de la production agricole. Mettant tous ses efforts à mener ses cultures à bon terme, il observait et essayait de prévoir le temps, étudiait les constellations, cherchait des repères empiriques, invoquait l'aide de Dieu et, souvent, avait recours à des pratiques de magie, dont beaucoup avaient été intégrées au culte chrétien. Sous les saints patrons nous voyons même affleurer les démons de la végétation et les divinités de l'Antiquité. Les rites de caractère magico-religieux liés à la fertilité de la terre ont leurs racines dans un passé très lointain et il est naturel qu'ils aient été conservés avec un attachement absolu dans des sociétés qui ont gardé jusqu'au 20e siècle des méthodes primitives de culture. Leur signification première s'est perdue et ceux qui pratiquent encore ces coutumes ne sont pas en état de leur donner une autre explication que celle-ci : « c'est ainsi qu'il faut faire, car c'est ainsi que faisaient nos pères ».

(Traduit du grec par Jacqueline Karageorghis)

Bibliographie :

- Andreou, Chr., 1972: (La danse de la faucille), Nicosie, 97-104.

- Angelides S., 1996: "The Cyprus economy under British rule (1878-1960)" in V. Karageorghis, D. Michaelides (eds), *The Development of the Cyrpiot Economy from the Prehistoric period to the present Day*, University of Cyprus, Bank of Cyprus, Nicosia, 209-230.

- Aristidou, E., 1986: (Olivier-huile d'olive), Nicosie, 49-53.

- Catling, Hector.W 1964: *Cypriot Bronzework in the Mycenaean World*, Oxford.

- Christodoulou, D., 1959: *The evolution of the rural land use pattern in Cyprus*, Bude.

- Demetriou, L., 1993: (Folklore d'Akaki. Les *martaoulia*), 43, 50.

- Economou, A., 1982: (Folklore de Troulli. Du labeur de la vie paysanne), 32, 105-109.

- Gaudry, A., 1855: *Recherches Scientifiques en Orient*, Paris.

- Hadjicostas, 1995: (Folklore de Kazaphani. L'olivier dans mon village entre les deux guerres), 45, 149-154.

- Hadjitheodoulou, I., 1977: (Folklore de Pitsilia. La plantation de la vigne), 21, 81-82.

- Haggipavlu, A., 1993: "The Limassol Wine Festival", *Vines and Wines of Cyprus. 4000 Years of Tradition*, Limassol, 116-121.

- Karageorghis, V., 1993: "The History of Wine in Cyprus. A brief survey", *Vines and Wines of Cyprus. 4000 Years of Tradition*, Limassol, 30-45.

- Kypri, Th., Protopapa, K., 1997: (La pâte traditionnelle à Chypre et ses variantes. De son emploi et de son importance dans la vie coutumière), Nicosie.

- Kyriazis, N., 1931 : (La production vinicole de Chypre), 285-286.

- Lazarou, 1998: (Coutumes rurales de notre pays), Larnaca.

- Mariti, G., 1769 (1971): *Travels in the island of Cyprus,* translated from the Italian of Giovanni Mariti by Claude Delaval Cobham ; with contemporary accounts of the sieges of Nicosia and Famagusta, London 1971 (1ère éd. Lucca 1769).

- Michaud, M., et Poujoulat, M., 1833-1835: *Correspondance d' Orient 1830-1831 par M. Michaud et M. Poujoulat*, 1-7, Paris.

- Panaretos, A., 1923: (La plantation de la vigne à Paphos), 139-141.

- Papacharalambous, G., 1965: (Us et Coutumes Chypriotes), Nicosie.

- Papadopoullos, Th. (edit.), 1980: *(Consular Reports of the 19th century)* Nicosie.

- Paraskevopoulou, M., 1982: *Researches into the traditions of the popular religious feasts of Cyprus*, Nicosie.

- Paschalides, G., 1957: (Coutumes agraires de Chypre)

- Pavlides, A., 1986: (Folklore autour de l'olivier), Nicosie, 53-54.

- Pharmakides, X., 1938: (Folklore de Chypre), Limassol.

- Psaras, P., 1993: "Commandaria 'The Apostle of Wines'", *Vines and Wines of Cyprus. 4000 Years of Tradition*, Limassol, 90-105.

- Rizopoulou-Egoumenidou, F., (La culture de la vigne et les pressoirs à vin traditionnels de Chypre), 20-22.

- Roumbas, N., 1993: "The Viticulture of Cyprus", *Vines and Wines of Cyprus. 4000 Years of Tradition,* Limassol, 46-59.

- Rousounides, A., 1988: (Les arbres dans le folklore grec et en particulier à Chypre), Nicosie.

- Samaras, M., 1953: (La moisson à Chypre), 164-168.

- Sougli, K., 1963: (Folklore de Chypre), 416-431.

- Surridge, B. J., 1930: Nicosie (traduction de *A Rural Survey of Cyprus*, Nicosie 1930).

- Usener, H., 1907: *Der Heilige Tychon*, Leipzig, Berlin.

- Xioutas, P. A: 1984, B, C: 1985: (Proverbes du peuple chypriote), Nicosie, Vol. A: 1984, Vols B, C: 1985.

Le *Magosto* : fête des châtaignes et des morts en Galice

Manolo MANDIANES-CASTRO
C.S.I.C., Barcelone

Résumé : Cet article concernant la châtaigne décrit le contexte folklorique du calendrier paysan, qui suit le cycle annuel du serpent, caché l'hiver et dangereux l'été. Le *Magosto* est un repas de châtaignes consommé par les jeunes en dehors de l'espace domestique du village, au début de l'hiver. Le lien symbolique qui existe entre les châtaignes et les morts permet d'analyser le *Magosto* comme un Carnaval inverse : pour le Carnaval les morts rendent visite aux vivants, tandis que pour le *Magosto* ce sont les vivants qui rendent visite aux morts. Les changements de saison, appuyés sur ces rites propres aux civilisations agro-pastorales, marquent une intense circulation entre les habitants du monde visible et ceux du monde caché.

L'Espagne est partagée aujourd'hui en 17 régions autonomes. Chaque région a ses institutions propres, son droit municipal, son système héréditaire et un calendrier particulier, issus d'un passé original. Chacune des régions historiques : la Galice, le Pays Basque et la Catalogne, a son histoire et sa langue ; études ethnologiques et mouvements indépendantistes y ont toujours été liés. Chacune cherche à prouver sa spécificité ethnique et l'originalité de son passé. L'unité de l'Espagne est politique et non ethnique. La Galice fait partie de l'Espagne atlantique, humide et verdoyante ; les forêts y sont abondantes à la différence de l'Espagne méditerranéenne qui est sèche et sans forêts. Les cultures de l'une et de l'autre sont différentes et, par conséquent, les coutumes culinaires, les vêtements, les langues, les folklores musicaux connaissent de profondes différences. La population de l'Espagne atlantique est divisée en petits groupements ou *aldeas*, en *caserios* (maisons paysannes isolées au Pays basque et les *masias* en Catalogne). Cet éparpillement de la population de l'Espagne atlantique contraste vivement avec les grandes concentrations humaines de l'Espagne méditerranéenne.

1 : Le calendrier.

Tous les historiens de la Galice mettent en relief l'importance du serpent pour les Galiciens, depuis la nuit des temps. De nombreux monuments archéologiques et beaucoup d'objets de la Galice de l'époque des « *castros* » (époque celtique) témoignent de l'importance du serpent dans la culture des habitants de la Galice. Il semble évident que beaucoup de monuments chrétiens ont été bâtis sur des pierres où l'image du serpent était gravée ; encore aujourd'hui nous découvrons l'image du serpent sur beaucoup de croix, sur leur verge[1].

Le cycle annuel de la Galice se divise en deux périodes qui suivent celui du serpent, divisé en deux périodes. Le serpent reste caché d'octobre à fin avril. A ce moment-là il n'est pas dangereux, ne mord pas et on peut marcher sans s'en soucier. Il est caché auprès des puits et des fontaines sauvages. On ne le voit même pas. Il mange de la terre dès octobre jusqu'en avril et il ne bouge pas. Dès mai, jusqu'à la fin septembre, le serpent se laisse voir, et il est très dangereux ; il faut y faire très attention, surtout dans les « *fraguas* » (forêts) et dans les châtaigneraies et lorsque l'on touche une pierre. A cette époque il ne mange plus de terre, il mange des animaux[2].

1.1 : Première période.

La première période s'étend de début septembre à fin avril. Les références au cochon sont nombreuses. La femme prend soin du cochon qui est installé en dessous du foyer. Les hommes font les semailles ; les femmes font seulement les semailles du jardin potager. Au début d'octobre le seigle est semé. Semer est enterrer quelque chose dans la terre ; le verbe *meter* (mettre) est celui qui exprime l'action réalisée par l'homme au moment des relations sexuelles ; semer (*meter*) est une action fécondante, donc propre aux hommes. Les pommes de terre, les oignons, les aulx et en général tout ce qui pousse au-dessous de la terre, se sèment en vieille lune, en lune descendante. Par contre, tout ce qui pousse au-dessus de la terre comme le maïs, le seigle, se sème en nouvelle lune, en lune montante. Le bois se coupe en lune descendante, comme les fruits qui poussent au-dessous de la terre. La lune montante favorise la multiplication des grains et la lune descendante favorise le volume. La moitié du monde est cachée avec le serpent ; les rites qui facilitent la coupure des niveaux et la circulation entre les deux mondes se multiplient alors. Les temps forts de cette période sont le *magosto* (1e novembre), la Saint Antoine d'hiver (17 janvier) et le Carnaval.

Les veillées qui commençaient vers la Saint Michel pour finir vers la fin avril, avaient lieu à la cuisine autour du feu de la *lareira* (foyer), une des manifestations du centre du monde[3] autour duquel s'organise la vie domestique. Les hommes jouaient aux cartes et les femmes filaient et tricotaient. Les enfants regardaient jouer les hommes et les femmes filer. Tous écoutaient très attentivement le conteur ou les conteurs[4] qui étaient installés dans un coin et faisaient le tour des maisons du village. Il est très difficile d'en entendre raconter à une autre époque de l'année et à un autre endroit.

C'était là et à ce moment-là que l'on jouait aux devinettes et que l'on proposait des *trabalenguas* (mots de prononciation difficile).

1.2 : Deuxième période.

La deuxième période commence début mai jusqu'à la fin septembre. Pendant ce temps-là le serpent se laisse voir et il est très dangereux. Il se glisse sous les pierres pour mieux atteindre ses victimes. Les hommes et les femmes travaillent ensemble à la campagne pour les récoltes. Cette période est pleine de références au seigle et au pain qui est une des bases de l'alimentation quotidienne. Les temps forts de cette période sont la Saint Pierre Martyr (29 avril), le 1e mai et la Saint Jean (24 juin). Vers le 1e mai le monde caché sort à la surface : les possédés se montrent à la procession de la Saint Pierre Martyr, les paysans rendent les esprits favorables avec le feu, en tournant autour des cultures avec des torches (la nuit du 29 au 30 avril). Les anges, les vertus et le serpent sont avec les corps de métiers à la procession de la Fête-Dieu et on peut voir dans l'arbre de la Sainte Croix la renaissance de toute la nature. Dès maintenant et jusqu'à la Saint Michel (29 septembre), ce monde et l'autre monde vont être en connivence ; les habitants de l'autre monde n'ont plus besoin de masques pour se montrer. Mais les habitants du monde caché sortent avec une grande virulence. A la sortie des habitants de l'autre monde il faut ajouter la lune rousse du mois d'avril, dernière lune du mois qui provoque un déséquilibre dans le temps. Les gens parlent à ce propos du petit hiver du début mai et on fait les rogations pour rétablir l'équilibre lunaire et la relation entre les habitants de ce monde et de l'autre monde. Cela peut nous expliquer le plus bas taux de mariage de toute l'année au mois de mai car il est dangereux de se marier à un moment de déséquilibre. A la différence du mois de mai, le taux de mariages du mois de juin est le plus élevé de toute l'année car la connivence entre les habitants des deux mondes est parfaite.

Nous avons fait le démembrement en deux moitiés : toutes les deux ne sont que parties intégrantes d'un tout. Ainsi le problème du continu et du discontinu reçoit une solution originale : un continu fait de discontinu. Il n'y a pas de fossé entre les deux périodes du cycle annuel, les deux périodes n'étant que des moments d'une transition continue. Et cela même si chaque période a ses caractéristiques et ses célébrations. Les célébrations et les fêtes d'une période s'apparentent aux fêtes et célébrations de l'autre période qui permettent de saisir le cycle annuel sous une forme de totalité organisée, même si nous distinguons des différences entre elles. Pour la Galice, le Carnaval n'a pas la valeur d'une institution annuelle comme à d'autres endroits.

2 : Le *Magosto*.

Magosto, pour les uns vient de *magnus* (latin : grand), pour d'autres de *mag*, champ en celtique, et pour d'autres encore, de *mago*, épouvantail, et *stus*, brûlé[5].

Le 1e novembre, dans toute la Galice, excepté à Orense où c'est le 11 novembre, jour de la Saint Martin, patron du diocèse, on fait le *Magosto*[6]. On peut le faire au carrefour, au cimetière et à la *lareira* (foyer), tous endroits considérés comme des manifestations du centre du monde. S'il pleut, on peut même le faire dans une maison mais le vrai *magosto* a lieu dans un endroit non habité, sauvage. L'espace sacré est lié à une certaine notion de centre et de nature ; comme chez les Celtes. La notion de l'équilibre et de l'harmonie du pays -et donc du monde- s'exprime géographiquement par la réunion de caractères sacrés dans un territoire central, et temporellement par un moment, historique ou mythique, où un souverain idéal concentre en lui-même tout en irradiant la perfection d'un gouvernement généreusement bénéfique. Par la notion de centre, au sens grec de l'*omphalos*, nous accédons à celle de sanctuaire, désignant ainsi un lieu particulièrement chargé de potentiel et d'énergie sacrée : le *nemeton*[7].

Les garçons amènent le vin, les filles et les châtaignes. En arrivant, les garçons ramassent le bois et les filles allument le feu et grillent les châtaignes. Avec les tisons ils se mettent tous du noir sur le visage, comme le jour du Carnaval. Ils vont finir la journée en mangeant et dansant dans une maison ou au four communal. C'est une obligation pour les jeunes gens et pour les jeunes filles d'y participer. C'est-à-dire, manger des châtaignes grillées avec les morts. Par contre, pendant les jours du Carnaval, les masques des morts qui résident dans l'espace non-habité viennent rendre visite à ceux qui habitent l'espace humain ; ils entrent dans les maisons et prennent de la nourriture. Les jours de Carnaval on mange du cochon. Le jour du *Magosto* les jeunes gens et les jeunes filles sortent de l'espace habité pour aller dans l'espace non-habité, repaire des serpents et même des âmes. Presque tout le monde admet que la Toussaint est la christianisation du *samahain* celte[8].

On grille les châtaignes dans un grand feu visible des différents points de la paroisse. Un *Magosto* sans un grand feu est inconcevable. Il faut respecter le feu du *Magosto* comme celui du foyer ; on ne peut ni pisser ni cracher sur lui ; on ne peut pas l'éteindre violemment car les âmes viennent s'y réchauffer comme à celui du foyer. Avec les tisons, tout le monde se met du noir sur le visage, comme le jour du Carnaval. Les jeunes rentrent au village masqués et en faisant du bruit. Quand ils arrivent, les personnes âgées sortent aux fenêtres pour leur dire : « Vous ressemblez à des *entroidos* » (masques du Carnaval). Les villages de la Limia Alta, en Galice, amènent le *Magosto* aux autres villages, comme ils aiment le Carnaval. Et les gens boivent beaucoup au *Magosto* comme au Carnaval et au banquet funéraire[9]. Et comme au Carnaval, et parfois comme à la veillée du mort, les jeunes gens se permettent une très grande liberté sexuelle. Le jour du *Magosto* les habitants de l'espace urbain sortent dans l'espace sauvage pour rendre visite aux morts et les inviter à manger des châtaignes, et le jour du Carnaval les morts visitent l'espace urbain pour rendre visite aux vivants.

3 : Les châtaignes, repas de morts.

On croit en Galice que les morts mangent et boivent. Un des plus importants repas de morts, ce sont les châtaignes. Le *Magosto* est une fête faite par les vivants pour inviter les morts à manger dans un espace non-cultivé.

3.1 : Les morts mangent et boivent.

Les Synodes des diocèses de la Galice disent qu'à la veillée des morts et le jour des morts, ainsi que dans d'autres circonstances, les Galiciens mettaient des tables dans les églises et mangeaient même sur l'autel et y dansaient. Ils organisaient également des banquets le jour de l'enterrement. Vers les années 1480, les rois catholiques interdirent les banquets funéraires, de mariage et de baptême aux Galiciens. Mais jusqu'aux années 1960, dans quelques-unes des régions de la Galice, après l'enterrement on faisait un grand banquet à la maison du mort. On y invitait les porteurs du cercueil, ceux qui portaient les lanternes, les gens de la famille qui venaient de loin et quelques amis de la maison. Parfois les hommes restaient à table jusqu'au coucher du soleil et souvent ils se battaient à cause de l'héritage. Les prêtres invités à l'enterrement mangeaient à la maison du curé de la paroisse et ils restaient, aussi, jusqu'au soir à jouer aux cartes et à boire[10].

Au village de Buscalque existait encore au début du 20e siècle l'habitude de mettre sur la poitrine du mort, au moment de traverser le fleuve Limia, car l'église était de l'autre côté de la rivière, un morceau de pain en disant : « pour la traversée du fleuve Jourdain ». Il faut noter que le fleuve Limia est celui de l'oubli, dont les auteurs classiques nous parlent : celui qui le traversait perdait la mémoire. Dans quelques villages de la région de la Gudina, comme Punxeiro, les habitants ont gardé jusqu'aux années 1920 l'habitude de mettre sur les tombeaux un morceau de pain et une cruche de vin le jour des morts.

A la paroisse d'Aguis, jusqu'aux années 1940, une femme marchait devant le cercueil pendant le cortège funèbre et portait un panier avec du pain. Au moment des funérailles elle était à côté du cercueil avec le panier à ses pieds. A la sortie de l'église elle partageait son pain entre tous, cela s'appelait *a parva*, comme ce que l'on prend le jour du mariage, à la maison de la fiancée, avant de partir pour l'église. Tout le monde se pressait autour d'elle, qui en donnait d'abord aux mères des enfants handicapés. Ensuite la femme au pain donnait un morceau à chacun des pauvres qui était là et avait accompagné le cercueil et pleurait à chaque arrêt du cortège funèbre : « Chaque enterrement était comme une fête pour les pauvres ; tous ceux des alentours venaient aux enterrements et mangeaient leur morceau de pain ». On utilise le pain comme moyen de protection contre les sorcières, et si on rencontre les *animas* (les âmes des ancêtres) au carrefour et si elles nous invitent à manger, il faut accepter, mais il ne faut pas manger leur pain, alors il vaut mieux en avoir toujours dans sa poche. Pendant les veillées d'hiver, parfois, on jette du pain au feu pour les *animas* qui sont là en compagnie des vivants.

3.2 : Les morts mangent des châtaignes.

Autrefois à Esfarrapada le majordome de la confrérie des *animas* (âmes) amenait des châtaignes et du vin aux vêpres du jour des morts à l'église et la jeunesse mangeait et buvait toute la nuit pendant que les cloches sonnaient[11] comme à Amer (Catalogne) et aux Alpujaras (Andalousie). Au Bierzo le même personnage jetait des châtaignes cuites de la tour de l'église et les gens les prenaient comme étant un don des *animas* du purgatoire[12]. Un Anglais qui a fait un voyage en Galice au 18e siècle raconte qu'il avait vu des gens manger des châtaignes pour sauver des *animas* du purgatoire[13].

Des maçons m'ont dit avoir retrouvé des châtaignes dans de vieux cercueils quand ils devaient ouvrir les tombeaux et les nettoyer pour mettre des nouveaux cercueils. « Les *animas* anciennes les offrent aux nouvelles ». Le premier mai à Rua de Petín les femmes en jetaient des fenêtres aux *maios* (gens habillés de feuilles d'arbres). A la même date, à Vilar de Perdices (Nord du Portugal) tout le monde met des châtaignes dans sa poche pour en donner aux amis car « celui qui n'en mange pas risquerait les mauvais sorts toute l'année ». A Loureses et au Mosteiro de Baixo les châtaignes faisaient partie du *aguinaldo* (don) que la maison donnait à ceux qui venaient chanter les *reises* (chansons de Noël). Les *entroidos* (masqués du carnaval) entraient dans les cuisines et prenaient des *chourizos* (cervelas).

Un conte populaire de la province de Lugo dit qu'un homme ayant subi un arrêt cardiaque et qu'on allait enterrer en croyant qu'il était mort, au moment où il passait par un *souto* (châtaigneraie), se leva et s'accrocha aux branches d'un châtaigner. Les femmes et les enfants ne peuvent passer sans être accompagnés d'un homme tout près d'un *souto*, lieu privilégié de résidence des serpents qui vont les attraper pour jouir des femmes et manger les enfants. Les serpents sont des intermédiaires entre la vie et la mort, ce monde et l'autre. Ce sont les femmes qui ramassent les châtaignes ; parfois elles se font aider des enfants mais jamais des hommes.

Le jour de la Saint Simon, 28 octobre, presque la veille du *Magosto*, les *soutos* (forêts de châtaigniers), font beaucoup de bruit : c'est l'apôtre qui le provoque pour dire aux pêcheurs de s'échapper pour ne pas se faire prendre par la tempête. Saint Simon et Saint Judes, apôtres eux aussi (Mt 10, 3-4 ; Mc 3, 18 ; Lc 6, 15-16), prêchaient en Perse, et pour montrer leur supériorité sur des magiciens qui voulaient les en empêcher, ils ont jeté contre eux des serpents qu'ils cachaient sous leurs manteaux. Alors les serpents « leur rongeaient les chairs et ces malheureux (les magiciens) hurlaient comme des loups... et après avoir fait une prière, ils (les apôtres) ordonnèrent aux serpents de reprendre tout le poison qu'ils avaient jeté, et ensuite de retourner dans leur repaire »[14]. Certains auteurs disent que les arbres sont des lieux de résidence, au moins temporaire des morts[15]. En tout cas ici on peut parler d'une certaine relation entre les *soutos* (châtaigneraies), les serpents et les deux apôtres.

Conclusion :

Le *Magosto* est le Carnaval à l'inverse ; le jour du Carnaval les morts envahissent l'espace urbain et le jour du *Magosto* les habitants de l'espace urbain envahissent l'espace sauvage, celui des habitants de l'autre monde. Les jeunes gens se mettent du noir au visage comme au Carnaval, ils boivent beaucoup et ils se permettent une certaine liberté sexuelle admise seulement les jours du Carnaval et, peut-être, à la veillée des morts. Les morts mangent des châtaignes ; donc, en Galice, on peut dire que les châtaignes sont un repas de morts. Et comme il ne pourrait pas être autrement, le *Magosto* a lieu dans la première période de l'année, moment d'une très intense circulation entre les habitants des deux aspects du monde, le caché et le visible.

Notes :

[1] F. López Cuevillas et Serpa Pinto, "Estudos sobre a edade do ferro no noreoeste da Península", *Seminario de Estudos Galegos*, VI (1933), p. 295-36). Cfr. F. López Cuevillas y F. Bouza Brey, "Os oestrinmios e a ofiolatría en Galiza", in *Seminario de Estudos Galegos*, III (1929), pp. 29-192; A. Rodríguez Castelao, *As cruces de pedra na Galiza* (Buenos Aires, Nos, 1949); F. Bouza Brey, *Etnografía gallega*, I (Vigo, Xerais, 1982), pp. 61-80.

[2] M. Mandianes, "La serpiente y el cerdo en Galicia", en *Anthropológica*, seg. etpa, 13/14(1993), pp. 220-233, et "Santiago, as serpes, a raiña Loba e San Andrés", en *Romarías e peregrinacións. Simposio de antropoloxía* (Santiago de Compostela, 1995), pp. 61-71; Fina M. Antón y M. Mandianes, "Bouza Brey y la ofiolatría en Galicia", en *Actas do simposio de antropoloxía. `In memoriam Fermín Bouza Brey´* (Santiago de Compostela, 1994), et "La serpiente y los habitantes del agua", en *El agua. Mitos, ritos y realidades* (Barcelona, Anthropos, 1995), pp. 103-117, et "Le serpent maître du temps", in *Le temps de l'Europe*, II (Strasbourg, Conseil de l'Europe, 1994), pp. 116-123.

[3] M. Mandianes, "El centro del mundo para los gallegos", en Ethnica 18, I(1982), pp. 109-123 et "La lareira", in Euroaie 5(1994), pp. 85-93.

[4] C. Lisón, *Perfiles simbólico morales de la cultura gallega* (Akad. Madrid 1981), 125-186.

[5] Cfr. J. Taboada, *Ritos y creencias gallegas* (Coruña, 1982), 248.

[6] X. Estévez, "O magosto", en *Julio Caro Baroja. Omenaldi* (Sociedad de Estudios Vascos 1986), 527-540; A. Fraguas, "Aportación al estudio folklórico del castaño, la castaña, el magosto", en *Rev. de Gumarais* LXVII (1957), 443-458; M. Mandianes, "El magosto", *B. Aur.*, XX-XXI (1990-91), 293-308.

[7] F. le Roux et C. G. Guyonvarc'h, *Les druides* (Ouest-Université, Rennes, 1986), 217-231.

[8] F. Le Roux et C. J. Guyonvarc'h, *Les fêtes celtiques* (Ouest-Univesité, Rennes, 1995).

[9] *Synodicon Hispanum*, I (Madrid, BAC, 1982),73-75; Cfr. N. Tenorio, *La aldea gallega* (Cadiz, 1914), 108-109.

[10] M. Mandianes, "Los muertos se emborrachan", *Cuadernos de estudios Gallegos*, XL, 105 (1992), 189-195 et "Los muertos se van de viaje comiendo pan", in *L'Uomo*, III, 1 (1990), 75-83.
[11] C. Lison, *Antropología cultural de Galicia* (Siglo XXI, Madrid), 147.
[12] A. Fraguas, "Aportación al estudio folklórico de la castaña", *Rev. Guimarais,* LXVII (1957), 443-58.
[13] J. Taboada, *Ritos y creencias gallegas* (Slavora, Coruña, 1982), 248-49; V. Risco, *Etnografía cultural i espiritual* en R. Otero Pedrayo, *Historia de Galicia,* I (Buenos Aires, Nós, 1962), 688.
[14] J. Voragine, *La légende dorée*, II (Garnier-Flammarion, Paris, 1967), 303.
[15] Cfr. A. Varagnac, *Les traditions populaires* (PUF, Paris, 1948), 22-2.

Feux de la Saint Jean en Alsace : Un double rite de passage

Fumiya KURAMOCHI
Centre d'ethnologie européenne, Faculté des Sciences Humaines, Université Waseda, Japon.

Résumé : La présentation d'une fête de Saint Jean en Alsace est ici l'occasion de revisiter un certain nombre d'interprétations possibles des rites festifs européens. Une ethnographie précise, appuyée sur des recherches historiques, permet de cerner l'évolution des fonctions et des caractères de la fête. Cette dernière correspondrait à un double rite de passage, local pour la jeunesse et national en rapport avec la conscription, et aurait des caractères à la fois symboliques et touristiques. L'analyse morphologique de l'évolution de ses éléments constitutifs peut, de plus, être mise en rapport avec les représentations habituelles d'une identité alsacienne. Cette étude permet ainsi de se rendre compte, sur le plan théorique, de la pluralité interprétative à laquelle invitent les fêtes européennes.

1 : Avant-propos.

Le présent article porte sur une fête des feux de la Saint Jean, célébrée à Soultzbach-les-Bains, un petit village en Haute Alsace, le samedi qui précède immédiatement le 24 juin. Cette fête se compose à la fois de la construction d'un grand bûcher de sarments de vigne et du saut des conscrits du village[1] par-dessus le feu de ce bûcher, et pourrait donc être considérée comme une sorte de rite de passage, comme dans la vallée de Saint-Amarin, toujours en Haute Alsace, où nous avons fait des enquêtes il y a plus de 10 ans[2].

Certes, nous n'avons aucune intention de rejeter les hypothèses traditionnelles « celtimaniques » sur l'origine de cette fête et les interprétations traditionnelles de ses fonctions apotropaïques et bénéfiques, grâce à la force purificatrice du feu-soleil. Il en est de même pour les travaux d'un certain nombre d'ethnologues et folkloristes tels que James G. Frazer, Arnold Van Gennep et André Varagnac. Faut-il signaler encore des coutumes spéciales à la Saint Jean, dont l'utilisation de l'eau bénite, la consommation des herbes magiques dites « de la Saint Jean », ainsi que le « soudage » ou « donage », couplage heureux de jeunes gens et de jeunes filles par l'intermédiaire de chansons locales ? Mais, il faut dire que notre village n'a jamais connu ces traditions symboliques qu'on peut trouver souvent dans les ouvrages folkloriques

Ce qui nous intéresse plutôt, c'est d'analyser et d'évaluer les décalages importants entre les représentations iconographiques ou historiques et les représentations réelles ou collectives de la fête même ; car ces décalages, par lesquels peut se traduire la mentalité villageoise, nous semblent bien expliquer la situation actuelle de la fête au sein de la conscience que peuvent en avoir les habitants de Soultzbach-les-Bains.

2 : Sur Soultzbach-les-Bains.

Situé à 14 km à l'Ouest de Colmar à l'entrée de la vallée de Munster, Soultzbach-les-Bains (Haut-Rhin), village pittoresque à maisons à pans de bois (maisons à colombages) était connu, comme l'indique son nom qui fut premièrement mentionné en 1211 sous la forme de « Sulzpach », pour ses eaux minérales très gazeuses et sa station thermale dont la principale source fut découverte en 1603, ainsi que, comme l'indique cette fois-ci son arme adoptée en 1965, par ses deux puissants seigneurs alsaciens d'Hattsatt (1504–1603) et de Schauenbourg (1603–1818). Mais le bâtiment de bois où, dit-on, Casanova livra une partie de cartes de 42 heures sans manger ni dormir[3], a complètement disparu en 1976, ainsi que le commerce de ses eaux minérales par la société Carola de Ribeauvillé en 1985.

Actuellement ce village de 706 hectares de superficie et de 595 habitants (1992) ne connaît qu'un seul agriculteur à temps plein sur 206 foyers et plus de 85 % de la population active gagne sa vie en tant que salariés (ouvriers ou employés dans de diverses usines et sociétés à Colmar, à Munster, etc.), artisans et fonctionnaires. En ce qui concerne les catégories d'âges à Soultzbach-les-Bains, il faut noter un phénomène de vieillissement, car 33,8 % de la population a plus de 60 ans, par rapport à 22,5 % de moins de 20 ans.

D'autre part, la plupart des habitants sont catholiques (94 % en 1954[4]), ce qui pourrait s'expliquer par une donnée historique du village : contrairement à l'amont de la vallée de Munster, Soultzbach-les-Bains n'a pas été touché par la Réforme. Il existe à l'entrée du bourg une église paroissiale du 15e siècle, dédiée à Saint Jean-Baptiste, le saint patron du village, et au lieu dit bâtiment des bains, un calvaire du 16e siècle. De caractère non-chrétien dans son essence, la fête des feux de la Saint Jean est effectuée dans ce village typiquement et traditionnellement catholique.

3 : Les Feux de la Saint Jean d'aujourd'hui.

En 1997, la fête eut lieu le 29 juin, comme l'année précédente. Ce sont trois conscrits, appelés en alsacien « d'Melissa » (milice), de 18 ans et cinq futurs conscrits de 17 ans, « d'Maïelescher » (les planteurs de Maïa ou de mai), qui en ont joué les rôles principaux. En général, à ce groupe juvénile se joint une autre catégorie d'âge, celle des 16 ans qui s'appelle « d'Helfsmaïelescher » (les aides planteurs de Maïa). Mais, pour 1997, il n'y avait personne (en 1996, leur nombre était de trois pour les 18 ans, quatre pour les 17 ans et trois pour les 16 ans). Ces jeunes gens organisent « la classe » suivant leur année de naissance : cette année, les conscrits forment ainsi la classe de 1979.

Au mois de février, un vigneron à Turkheim, ville voisine de Colmar, leur a généreusement fourni, comme en 1996, un tas de sarments de vigne, qu'ils mirent à sécher jusqu'au jour de la fête à mi-côte de la colline Rebberg dominant le village, où un mât nommé « Maïa » de 16 ou 17 mètres avait été élevé par les seuls « d'Maïelescher » une semaine auparavant. Ce mât de sapin avec un drapeau tricolore flottant à la cime, dont le sens originel s'est perdu au fil des temps, est devenu un monument annonçant le lieu de la fête.

La veille de la fête, vers 8 heures du soir, les conscrits et leurs compagnons commencent à marcher en cortège dans le village. En tête de ce cortège, le porte-drapeau, qui est l'aîné de la classe, brandit l'étendard de sa classe de 1979 décoré de broderies de chapeaux de roses dont je parlerai plus tard. Au cours de ce cortège avec 8 filles des classes correspondantes, dont six ont 18 ans, ils dansent en ronde en divers endroits aux cris de « Ziga Zaga, Ziga Zaga, Hoï ! Hoï ! Hoï ! » et chantent plusieurs chansons en allemand alsacien, « *Im Grünen Wald* (Dans la forêt verte) », par exemple :

Im grünen walt, dort wo die drossel singt, drossel singt
Und in gebüsch wo's muntre rehlein springt, rehlein springt,
Wo tannen, fichten, atehen am waldessaum (bis)
Verlet ich meinen jugend schönater traum (bis)

(Dans la forêt verte, où des merles chantent, des merles chantent,

Dans le buisson où des faons vivement sautillent, des faons sautillent,

Au bord de la forêt s'élèvent le sapin et l'épicéa

Où j'ai goûté mon rêve de jeunesse le plus beau).

Enfin le jour de la fête, vers 9 heures du matin, les conscrits et futurs conscrits commencent, sous la direction d'un ancien conscrit de 20 ans, à construire à mi-pente, dans l'espace libre où s'élargit le sentier traversant la colline, un grand bûcher de sarments de vigne en forme de cylindre d'environ 5 mètres de large : au bout d'une série de travaux, ce bûcher sera tout couvert de feuilles de sapin et surmonté d'un petit sapin (en 1997, ces travaux furent effectués la veille, à cause de prévisions météorologiques de mauvais temps pour le lendemain).

Pendant ce temps, dans la cour de l'école mixte à l'entrée du bourg, les filles aussi se mettent à fabriquer des chapeaux de roses rouges : à l'aide de fil, chacune d'elles attache, aux mailles du chapeau de paille, des roses que les conscrits ont acheté et volé en secret la veille à minuit. Chaque chapeau, bien entendu, sera consacré à un (futur) conscrit particulier[5]. Dans un atelier artisanal du village, on fait huit torches de sapin pour les conscrits, qui font chacune 1,5 mètre de longueur et sont composées de plusieurs baguettes assemblées et bourrées de copeaux.

Vers midi, une fois terminés tous les travaux de la construction du bûcher et de la fabrication des chapeaux de roses, tous les membres du groupe de la jeunesse se rassemblent dans un restaurant temporairement aménagé situé à côté de la seule auberge du village et prennent ensemble un déjeuner de tartes flambées (30 francs), spécialités alsaciennes qui sont préparées chaque année par les sapeurs pompiers du village. Les anciens conscrits, eux aussi, joueront au moment de la crémation du bûcher, comme nous le verrons plus tard, un autre rôle technique très important.

Vers 8 heures du soir, la fête enfin commence par un cortège composé de la fanfare des sapeurs pompiers en tête, suivie d'une autre fanfare de musiciens locaux, nommée « La Musique de Saint-Jean » et du groupe des notables du village. Ce sont les (futurs) conscrits en uniforme militaire et les filles en jeans et chemise blanche qui ferment la marche, en chantant des chansons et en brandissant leur étendard. Parti de la place de la mairie et après avoir fait la moitié du tour du bourg, le cortège monte le chemin vers la colline mais s'arrête à mi-chemin, à un endroit juste derrière l'église, et seuls les jeunes continuent à marcher jusqu'à la colline.

Après le coucher du soleil, les (futurs) conscrits, qui portent chacun leur chapeau de roses, mettent le feu au bûcher au pied de la Maïa pour y allumer la torche. Puis ils descendent la pente avec précipitation, l'un après l'autre, en tournant largement la torche enflammée qu'ils tiennent à la main. On dit qu'avant la Deuxième Guerre mondiale, ils faisaient le tour de la colline avec la torche, mais actuellement ils se bornent à courir jusqu'au pied de celle-ci et y jettent leur torche.

Au fur et à mesure de la course de torches des conscrits, les filles, restées sur la colline, mettent le feu au grand bûcher, assistées par les sapeurs pompiers qui surveilleront les flammes très vives. Comme des milliers de langues gigantesques, ces flammes s'élèvent et agissent vigoureusement dans toutes les directions sous le ciel de la nuit. C'est un véritable spectacle. Mais nous ne sommes toujours qu'au début de la fête.

Dès l'instant où s'affaiblit la force des flammes, les sapeurs pompiers percent un chemin dans le feu avec un crochet d'environ 5 mètres de longueur. C'est par-dessus ce chemin que les (futurs) conscrits sautent avec virilité. Le premier sauteur est le porte-drapeau. Mais, lors du saut, il porte à la main le drapeau tricolore au lieu de l'étendard de la classe. En temps normal, le conscrit de 18 ans a le droit de sauter 3 fois, le cadet de 17 ans 2 fois et le garçon de 16 ans une seule fois.

Cette cérémonie de sauts par les jeunes avec leurs chapeaux de roses dure au moins une demi-heure. Obligés assez souvent de se déplacer à cause du tourbillonnement changeant des flammes et de leurs étincelles, tous les spectateurs accueillent ces actions très spectaculaires, menées par les jeunes, avec des acclamations très chaleureuses. C'est un véritable feu de joie !

Vers 10 heures du soir, tous les sauts achevés, la fête prend fin et le brasier est éteint par l'intervention des sapeurs pompiers. C'est le moment où le ciel alsacien veut récupérer les ténèbres silencieuses, mais en vain : car il est envahi par des feux d'artifice tirés sur la colline par les sapeurs pompiers. Par ailleurs, le restaurant et le kiosque de la « Musique de la Saint Jean » sont toujours ouverts pour accueillir les clients, ce qui permet à tous de danser, de chanter et, bien entendu, goûter le vin alsacien jusqu'à minuit.

4 : Fonctions et caractères de la fête.

La fête que nous venons de décrire a pour objet, semble-t-il, d'assurer le rite de passage des jeunes gens qui doivent se présenter à un autre rite de passage : la conscription. En bref, pour les héros de cette fête, il y a deux sortes de rites de passage, l'un national et l'autre local. Pour eux, cette fête est, comme à Saint-Amarin où les conscrits construisent une grande tour appelée « Fackel », le moment de l'organisation de la classe qui pourra garder jusqu'au bout une amitié, formée à titre définitif sur la base de la mémoire collective de la fête elle-même.

Cette fête, d'autre part, peut servir surtout à la foire « théâtrale ». En échange de leur présence technique et de leurs performances musicales au cours du temps festif, les sapeurs pompiers et le groupe de la « Musique de Saint Jean » peuvent consacrer la recette de la vente de boissons et nourritures (tartes flambées, saucissons, etc.) à la réparation ou à l'achat d'appareils de pompier ou d'instruments musicaux. Les (futurs) conscrits et les filles, à leur tour, vendent des billets de tombola de 20 francs dont le revenu assurera aussi leurs frais de loisirs et, si possible, un voyage de groupe.

Cette fête serait-elle de caractère touristique ? Certes, nous avons trouvé une centaine d'étrangers sur la colline, mais la plupart d'entre eux, m'a-t-on dit, viennent des villages et villes voisins. Ce qui nous permet de penser que la célébration des feux de joie à Soultzbach-les-Bains n'est qu'une fête typiquement locale, à la différence par exemple, de la Crémation des Trois Sapins à Thann, une cité religieuse consacrée à Saint Thiébaud, évêque de Gubbio, qui a lieu chaque année le 30 juin (une semaine après la Saint Jean !), et qui peut accueillir des milliers de touristes venus de toute l'Alsace et même d'Outre-Rhin. Organisée à l'imitation de la fête de Gubbio appelée « Ceri », celle-ci se rapporte sans doute à la théorie dumézilienne et universelle des trois fonctions. C'est donc pour cela qu'elle a un caractère plus européen que pan-alsacien, au point de vue touristique et symbolique[6].

Chose intéressante, la fête de Soultzbach-les-Bains, dans sa propre dramaturgie, semble avoir un certain rapport avec le symbolisme traditionnel du feu. En considération de la date de la fête, on peut supposer que la course des torches est une symbolisation du mouvement du soleil. Quant aux sauts des conscrits, ils passent à la fois pour une purification apotropaïque assurée par la force du feu-soleil et pour une étape de transition au cours du rite de passage (« liminaire », à l'instar de l'expression de Van Gennep). Ce qu'il faut signaler ici est qu'à Soultzbach-les-Bains, on ne peut pas trouver d'autres coutumes du feu telle que l'utilisation des tisons. A Thann, par exemple, il existe toujours une tradition symbolique et magique : à la fin de la fête de la Crémation, une dizaine d'habitants (!) rassemblent des tisons et, selon leur propre témoignage, les gardent chez eux afin d'éviter la foudre ou l'incendie.

Par ailleurs, la signification symbolique (non technique) de la coexistence du mât nommé « maïa » et du grand bûcher demeure fort énigmatique, comme celle des chapeaux roses. Est-ce la symbolisation de la force ou de la vie juvénile ? Ou encore, la manifestation éventuelle de la maturation des jeunes en matière de leurs capacités techniques ou plutôt artisanales ? On n'en sait rien.

L'important est que par cette fête se traduise l'identité sociale chez les habitants. Pour examiner cette question, il faut que nous jetions un coup d'œil sur l'histoire et surtout sur l'iconographie historique de la fête.

5 : Morphologie et évolution de la fête.

D'après Arnold Van Gennep, les Feux de joie de la Saint Jean en France, comme peut-être ceux de l'Europe entière, pourraient être divisées *grosso modo* en cinq types[7] :

1) Type du bûcher à brûler
2) Type de la tour (Fackel) à brûler
3) Type du lancement de disques enflammés
4) Type du lancement de roues enflammées
5) Type des feux d'artifice.

A vrai dire, l'Alsace connaît même aujourd'hui tous ces types de fêtes, quoique leur répartition saisonnière se différencie selon les localités (cf. en annexe notre calendrier des fêtes alsaciennes). La fête à Soultzbach-les-Bains appartient au type 1, dont la partie principale se caractérise par une liaison ou combinaison d'éléments constituants, tels que le bûcher (A), le conscrit (B), le saut par-dessus le feu (C), le chapeau de roses (D), la torche (E) et le mât (F).

Faute de témoignages éloquents et dignes de confiance, il est en fait très difficile de déterminer la question fondamentale : la plupart des traditions populaires d'aujourd'hui ne présenteraient-elles que des variations possibles, bien que les habitants croient à l'originalité ? En mettant en réserve ces difficultés, nous pouvons remonter l'histoire de la morphologie de la fête.

Dans son grand ouvrage *The Golden Bough* (Le rameau d'or), G. Frazer a énuméré diverses fêtes de type A = C en Allemagne, Bohême, Autriche, Espagne, Italie, Irlande, Grèce, France (Bretagne), etc. A cette liste peut se joindre celle des pays scandinaves[8]. Pour celle qui est en Alsace, il faut bien noter qu'il est mentionné dans la *Chronique de Strasbourg*, écrite par Johann Wencker en 1639, qu'une telle fête fut interdite (en Lorraine) en 1408 à cause de l'incendie[9]. Pour autant que nous sachions, c'est la mention la plus ancienne de la fête de type A = C, mais sa relation avec celle de Soultzbach-les-Bains n'est pas toujours si claire.

Par contre, il est hors de doute que dans ce village, on célébrait cette fête avant 1844, car dans sa *Chronique de Soultzbach*, le curé A. Hett (en fonction de 1901 à 1906) indiqua que le 24 juin de cette année-là, un incendie causé par le feu de la fête ravagea une grande partie de la commune[10]. Quelle était alors la forme de cette fête ?

Curieusement, une gravure de F. Théodore Lix dans l'ouvrage de Charles Grad, *L'Alsace, le pays et ses habitants* (1989) représente les feux de joie, où le couple d'un garçon avec une torche à la main et d'une fille saute à travers les flammes en se donnant la main (type A = B' = C' = E). Certes, la tenue du jeune homme et la coiffe de la fille appartiennent à la tradition de costumes dans la vallée de Munster, et la localisation de l'église au pied de la colline peut évoquer l'endroit en face de l'auberge actuelle, où avait lieu la fête jusqu'après la Première Guerre mondiale. On peut dons supposer que la fête dans ce village s'est transformée du type A= B' = C' = E au type postérieur.

A cet égard, un villageois de 81 ans, l'un de nos meilleurs informateurs, qui a activement pris part à cette fête en tant que conscrit au cours des années 1930, insiste sur le fait qu'il a sauté tout seul avec la torche à la main, mais sans le chapeau de roses. Il ajoute encore que les conscrits couraient, comme nous l'avons déjà dit, l'un à la suite de l'autre autour de la colline avec la torche allumée au petit bûcher dit « Maïa » à mi-pente de la colline, et qu'une fois retournés à cet endroit, ils mettaient enfin le feu au grand bûcher (type A = B = C' = E). Si cela est vrai, la fête a subi sans doute une transformation morphologique entre les deux guerres mondiales.

En ce qui concerne le chapeau de roses pour le garçon, nous pouvons nous référer à une illustration insérée dans le livre illustré de Paul Kauffmann, intitulé *En Alsace ignorée* (1926)[11]. Bien qu'elle ne soit qu'une reproduction du dessin de F. Th. Lix, et que le feu même ne soit pas celui de Soultzbach-les-Bains, le garçon saute par-dessus le feu en portant la torche et le chapeau de roses. Où se trouvait cette coutume ? Avait-elle une certaine relation avec le chapeau de notre village, ou bien, comme nous a dit notre informateur, cette illustration n'est-elle que simple produit de l'imagination ? Pour le moment, il faut renoncer à une conclusion.

Sur un autre dessin plus récent fait en 1966 par Robert Gall, on peut voir un garçon sortir des flammes, portant la torche à la main et le chapeau de roses sur la tête (type A = B = C' = D = E = (F)). Ce qui nous permet d'évoquer un texte de Michèle Bardout : « Quel spectacle saisissant, écrit-elle dans son beau livre *La paille et le feu,* que de les voir bondir par-dessus les tas de tisons, brandir leurs torches au milieu de ce sortilège de feu et de flammes ! »[12]. Elle n'oublie pas de remarquer l'existence du mât (type A = B = C' = D = E' = F). En considération de la période de ses enquêtes, la forme du saut dans les années 1970 suivait en grande partie celle des années 1960.

6 : Représentation de l'identité - En guise de conclusion.

Voici notre hypothèse de travail concernant l'évolution morphologique de la fête de la Saint Jean à Soultzbach-les-Bains :

Périodes	Formes (types en combinaison)
******	A=B (?)
Fin du 19e s.	A=B'=C'=E
Années 1920–30	A=B=C'=E=(F)
Années1960	A=B=C'=D=E=(F)
Années1970	A=B=C'=D=E=F
Aujourd'hui	A=B=C=D=E=F

Il est très difficile, bien entendu, de démontrer la relation entre cette évolution spectaculaire et la transformation de la vie villageoise. Mais, à l'égard de la forme de leur fête des feux, la plupart des villageois s'intéressent autant à la gravure de Lix qu'à celle de 1654 qui représente le paysage du village entouré de murailles. C'est ainsi qu'ils les gardent chez eux ou les collent sur les murs de la maison, comme nous le constatons dans l'auberge, pour les montrer aux étrangers, par exemple. Pourquoi ? Cette question iconographique est en fait hors de notre portée. Par rapport à celle-ci, témoignage authentique et orthodoxe de leur identité historique, la gravure de Lix peut-elle être considérée comme un symbole de leur conscience collective qui veut y voir une tradition folklorique quasi universelle : le feu d'amour et/ou de fécondité ?

De toute façon, dans l'attitude mentale des villageois à l'égard de la fête de la Saint Jean, il semble exister deux aspects : d'une part un rite de passage et un moment de réjouissance communale, comme nous l'avons signalé plus haut, et d'autre part la représentation visible de la mémoire traditionnelle et donc de l'identité locale formée par celle-ci. Est-ce à dire que la fête sert à une sorte de symbole d'intégration pour les villageois ? Cette question reste toujours ouverte, tout comme celle du symbolisme fonctionnel du chapeau de roses et du mât énigmatique.

Or, la France a décidé de supprimer son système de conscription avant l'an 2000. Cela va signifier naturellement la suppression des conscrits. Dans ces conditions, où iront-ils ? Et la fête des feux de la Saint Jean à Soultzbach-les-Bains ? Y aura-t-il une possibilité, en conséquence de la disparition d'une tradition, de voir apparaître une autre tradition ? Dans le cadre de la culture populaire, ce bilan est à établir.

Notes :

[1] Sur les conscrits d'Alsace, il faut signaler un article de René ENNINGER : *Conscrits d'Alsace*, in « Cahier alsacien d'Art, d'Archéologie et d'Histoire », Strasbourg, 1961, pp. 1–26. Et sur les

conscrits en France, nous pouvons consulter Michel BOZON : *Les conscrits*, Berger-Levaut, Paris, 1980.

[2] KURAMOCHI : *Sur les feux de joie* (en japonais), in « Shakai-shi Kenkyû », No. 2, Tokyo, 1983, pp. 311–289. Il a composé un autre article consacré à la Crémation de Trois Sapins dans son livre intitulé « Ethnographie du vin alsacien » (en japonais), chikuma-Shobô, Tokyo, 1988.

[3] Robert SCHMITT : *Visiteurs oubliés aux eaux de Soultzbach*, in « Annuaire de la société d'Histoire du Val et de la Ville de Munster », t. 1, 1961, pp. 48–51.

[4] *Paroisses et communes de France : Haut-Rhin et Territoire de Belfort.* C.N.R.S., Paris, 1994, s.p. Sur l'histoire du village, on peut consulter, par exemple, André KOPP : *Soultbach à travers les âges*, in « Annuaire de la Société d'histoire du Val et de la ville de Munster », v.10, t.10, 1936, pp. 151-156, sur celle de la Vallée de Munster, Charles GRAD : *La vallée de Munster au XIXe siècle*, in « Annuaire de la Société d'Histoire du Val et de la Ville de Munster », t.43, 1989.

[5] Marguerite DOERFLINGUER veut voir une relation amoureuse entre chaque conscrit et la fabricante de son chapeau de roses (*Le livre d'Heures des coiffes d'Alsace,* Oberlin, Strasbourg, 1981, P. 145). Mais elle n'a pas indiqué la période concernée, et d'ailleurs cette relation n'est pas toujours demandée.

[6] KURAMOCHI : *Pour un autre moyen âge* (en japonais), Kôbundô, Tokyo, 1986, pp. 145-189.

[7] Van GENNEP : *Manuel de folklore français contemporain,* t. 1, 4, Picard, Paris, 1949/1981, pp. 1727 sq.

[8] J.G FRAZER : *The Golden Bough* (version japonaise), t. 4, Iwanami-bunko, Tokyo, 1974, pp. 270-288.

[9] D'après Alfred PFLEGER : *Des Sommersonnwendrad im Alsass und Moselraum*, in « Oberdeutche Zeichrift für Volskunde », vol. 16, t.1-3, 1942, p.9.

[10] D'après Gérard LESER : *La tradition des feux de la Saint Jean de Soultzbach-les-Bains*, in « Revue d'Alsace », n°119, 1993, p. 298. LESER a cité les textes des curés de ce village, qui étaient toujours adversaires d'une autre fête de la Saint Jean,. En effet, les curés essayaient de supprimer les feux de la Saint Jean par tous les moyens. Le curé Diringer, par exemple, s'est adressé aux aubergistes par une lettre datée du 28 mai 1929 : « Monseigneur (Évêque de Strasbourg) ayant fixé il y a trois ans la solennité de la Saint Jean, fête patronale de la paroisse à un dimanche, permettait par mon intermédiation probablement de la fêter le jour même si nous donnerons une garantie sûre et certaine pour toujours que tout se passe tranquillement et que l'on ne dansera pas ce

jour-là. (…) Je m'adresse à Mrs les aubergistes pour leur demander s'ils veulent donner cette assurance que l'on ne dansera jamais dans leurs locaux ce jour-là. Je vous prie donc de me répondre le plus tôt possible par écrit pour que je puisse donner une réponse définitive à Monseigneur. / Si une réponse ne parvient pas jusqu'au 30 mai, je regarderai le silence comme un non. Votre réponse sera mise dans les archives de la paroisse » (Archives départementales du Haut-Rhin, 115 J-dépôt 2C. Entre parenthèses par moi). Pourquoi, dans ce texte, n'existe-t-il aucune mention sur le bûcher à brûler ? En réponse à cette demande forte oppressive, un aubergiste nommé Paul Bentelé promit par la lettre assez ironique du 3 juin ceci : « En réponse à votre lettre du 28 mai, je vous dirai que je ferai tout mon possible pour qu'on ne danse pas dans mon établissement le jour de la Saint Jean. / Quant à ma garantie pour toujours, je ne puis vous la donner : il m'est impossible de mettre à la porte des jeunes gens qui par force tiennent à danser. Si pour la danse, la fête de la Saint Jean doit être remise à un dimanche, je le regrette vivement, mais je crois qu'une parole en chaire à ce sujet vis-à-vis de vos fidèles aurait beaucoup plus d'autorité que tout autre et serait respectée d'autant plus. Je suppose que si la fête était remise, on ne danserait pas moins non seulement le dimanche mais aussi le jour même (…) » (A.D.H.-H. ibid.).

[11] Paul KAUFFMANN : *En Alsace ignorée*, Alsatia, Colmar, 1926.

[12] Michèle BARDOUT : *La paille et le feu*, Berger-Levraut, Paris, 1980, p. 154. En ce qui concerne le saut du feu de la Saint Jean en Alsace, P.L. MENON et R. LECOTTÉ nous ont montré, dans leur ouvrage *Au village de France* (Liv. I, Ed. Bourrelier, Paris, 1954 / J. Laffitte, Marseille, 1978, p. 111), une gravure du saut du couple à Wilwisheim (Bas-Rhin), à 13 km à l'est de Saverne, gravure faite par Théophile SCHULER en 1934 (Cabinet des estampes de Strasbourg).

Les fêtes de Saint Jean et de Saint Pierre en Serbie

Djurdjica PETROVIC
Université de Belgrade

Résumé : La description des activités de la fête de Saint Jean (feux, coutumes magiques, chants, danses, repas) permet de s'interroger sur les bornes calendaires de la période solsticiale et sur ses particularités régionales. La documentation permet de caractériser l'évolution des rites depuis le dix-neuvième siècle et met en évidence la puissance magique du feu. Une typologie des feux fixes et des feux mobiles montre que les régions d'éleveurs sont plus fidèles aux traditions, et pousse à analyser le rôle et les formes de torches appelées *lile* qui sont passées progressivement d'une valeur magique à une fonction divertissante. Le synopsis d'un film local relatif au sujet traité sert d'illustration à l'article.

Parmi les nombreuses fêtes estivales, on estime dans la partie centrale des Balkans que la fête de Saint Jean est la plus grande et la plus importante. C'est « *Ivanjdan* », ou « Jour de Jean », que les habitants de cette région célèbrent le 7 juillet d'après le calendrier grégorien. C'est la période des travaux champêtres les plus intenses et des activités dans les vignobles et avec le bétail. Selon les croyances populaires, le « Jour de Jean » est une grande fête, non seulement parce que c'est le jour de naissance de saint Jean-Baptiste, mais, ce qui est plus important encore, parce que « le soleil au ciel entre dans la ronde par trois fois », et commence à décliner à partir de cette date. De nombreuses coutumes qui sont pratiquées à la veille du jour et le jour même, se rapportent à la fête de

Saint Pierre, le 12 juillet, appelée « *Petrovdan* » ou « Jour de Pierre ». Selon les croyances populaires, au temps où les saints se distribuaient les rôles, Saint Pierre avait pris le vin, le blé et les clefs du Royaume des Cieux. Il garde le pilier sur lequel repose la Terre, pour que ce pilier ne soit pas coupé en deux par la morsure d'un chien noir qui y est attaché. En outre, c'est avec le Christ que Saint Pierre avait ensemencé les collines, et c'est lui qui ramène le temps chaud pour que le blé puisse mûrir.

Ces deux fêtes sont célébrées le même jour par les orthodoxes et par les musulmans, qui peuplent les territoires de l'actuelle Serbie occidentale, du Monténégro du sud-est, de la Bosnie orientale et de l'Herzégovine orientale. A l'extrême sud de cet espace, la population s'occupe, principalement, de l'élevage, de semailles de blé et de cultures maraîchères en montagne. Dans l'autre partie de ce territoire, qui est la majeure partie, c'est l'agriculture, la viticulture, la culture potagère et fruitière, qui dominent.

Ce qui est très caractéristique pour ces deux fêtes, c'est l'allumage de feux, accompagné de toute une série d'activités à caractère magique, avec chants, danses et festin rituel. La cueillette des fleurs est la seconde activité importante ; elle aussi suivie d'une série de manifestations, par exemple les couronnes, les divers sortilèges et divinations, les ablutions, etc. Ces coutumes ne représentent rien de particulier ni de typique pour lesdites régions. On les retrouve, presque identiques, sur le territoire de l'actuelle Croatie orientale, où elles sont célébrées les 24 et 29 juin, d'après le calendrier julien. En Europe du sud-est, mais en d'autres jours, ces coutumes apparaissent encore sous une forme rudimentaire en Serbie orientale, et en partie en Serbie centrale, en Bulgarie, en Macédoine, en ex-République yougoslave. Les raisons de ce décalage dans le temps pourraient être cherchées peut-être dans la structure ethnique de la population, et probablement dans ce qui, au temps de la colonisation slave, a été conservé du patrimoine dans les Balkans. Cependant, ces pratiques rituelles, conservées en totalité ou fragmentaires, ne sont pas une spécificité des Slaves du Sud. La manifestation principale qu'est l'allumage des feux a été, dans le passé, connue des Romains, des Germains et des Goths, et elle s'est maintenue encore aujourd'hui en Europe, revitalisée dans certain pays européens après la Deuxième guerre mondiale. Mais il existe, dans chaque pays, dans chaque région, des particularités qui donnent à ces coutumes une coloration locale. En outre, en Europe occidentale, de même que dans la région examinée ici, les feux de la Saint Jean et de la Saint Pierre, marques principales de ces fêtes, sont la fin d'un grand cycle qui commence le dernier jour du carême de Pâques et où est inclus, dans nos régions, « *Djurdjevdan* », le « Jour de Saint Georges », le 7 mai, début des travaux champêtres et de la transhumance. Cette période coïncide avec l'accroissement de l'énergie solaire et dure encore quelques jours après le solstice.

Les travaux ethnologiques publiés en ex-Yougoslavie et en actuelle République de Serbie, les données non encore publiées et recueillies pour les besoins de l'Atlas ethnologique de l'ex-Yougoslavie, ainsi que mes propres informations, ont servi de matériel ethnologique pour la présentation des coutumes, c'est-à-dire les feux, qui se rattachent aux fêtes de la Saint-Jean et de la Saint-Pierre. Ce matériel concerne une partie du 19e siècle, la majeure partie du 20e siècle, et les temps présents.

Les données à notre disposition, qui appartiennent à la période d'après la Première guerre mondiale, font apparaître le rôle du feu en fonction de la lustration de toute impureté de culte, en ce qui concerne la maisonnée, le bétail, les champs, le foyer. Elles relèvent aussi le rôle du feu comme plus sûr moyen de destruction de la puissance malfaisante. Ce feu était fixé à un ou à plusieurs endroits dans une même localité, mais il était également mobile, sous forme de torches. Ce qui caractérise ces deux sortes de feux, c'est qu'ils étaient allumés à la veille de la fête, à la tombée du soir. Tandis que les premiers témoignages conservés sur ces feux, qui datent de la fin du 18e et des premières décennies du 19e siècle, nous informent que ces feux étaient allumés pour les deux fêtes ; les informations qui nous parviennent de la fin du 19e siècle nous signalent leur concentration, et peu à peu, ici et là le déclin et la disparition des feux fixes surtout au nord de notre région. C'est dans les parties méridionales de la Serbie, où l'élevage était dominant, qu'ils se sont le mieux conservés. Dans les autres régions que ces analyses concernent, ces feux se sont perdus à cause de la prévalence de l'agriculture, et c'est seulement selon certaines informations qui émanent de la plus vieille génération, que le souvenir de ces feux survit encore dans la mémoire, dans les récits de la tradition orale.

Les feux fixes étaient composés de branches, de bois vert, de paille, plus rarement de bûches, que les maîtres de la maison et les bergers ramassaient dans les bois et qu'ils déposaient, à midi, au carrefour des routes, dans un ensemble séparé de maisons qui appartenaient à une famille plus étendue vivant dans les agglomérations dispersées sur les collines autour des bergeries. Le soir, dans un grand vacarme et sur l'air de chansons dont le contenu était très varié, ces feux étaient allumés avec des briquets ou par frottement, même après l'apparition des allumettes. Certaines de ces chansons rituelles, qui nous sont parvenues dans un état très fragmentaire, peuvent nous servir d'indices pour comprendre que de pareilles chansons étaient autrefois dominantes, et que le feu faisait partie d'un rite important. Les bergers, les garçons, même les filles faisaient des sauts au-dessus du feu, tandis que les mères faisaient passer leurs enfants entre deux foyers allumés. Les tisons éteints étaient plantés dans les bergeries, les granges, les écuries, dans les fentes des maisons en bois, dans les jardins et les champs.

Les feux en forme de torches s'étendaient sur un plus vaste territoire et avaient une application plus large. On les appelait le plus souvent des « *lila* », en Bosnie des « *mašala* », du mot turc qui signifie l'*apotropaïon*, et dans la partie nord de la Serbie occidentale, ainsi que dans la région bosniaque voisine, « *buzdovan* », car ces torches rappelaient, par leur forme, le type turc de la massue de fer. Les étymologistes définissent comme terme folklorique le mot « *lila* », ce qu'on a arraché à l'écorce du bouleau ou du cerisier, d'origine panslave ou pré-slave du lexème « *linjati* » qui signifie « muer ». Les ethnologues sont plutôt portés à y reconnaître la forme abrégée de « *palilia* », « *parilia* », mot relié à la fête de l'élevage, qui était d'origine romaine et qu'on célébrait le 21 avril. Les modifications apportées à tout cet ensemble d'activités magiques et rituelles sont attribuées au fait que ces coutumes des Slaves venaient de la population pré-slave de la partie occidentale des Balkans.

Les torches, dans les régions qui étaient connues pour l'élevage du bétail, ne pouvaient être que les branches de genévrier allumées ou un tison pris au feu fixe, qui n'avait pas brûlé jusqu'au bout. Pendant longtemps dominèrent des « *lile* » apprêtées d'une manière spéciale. Celles-ci représentaient un manche, un bâton dont la longueur s'est raccourcie, au fur et à mesure, de 2 mètres à 1 mètre. Ce bâton était fait en bois de noisetier, d'orme, de charme, arbres qui servaient, par excellence, à chasser les puissances malfaisantes. Plus récemment, c'étaient des branches un peu plus grosses. On mettait dans la fente entaillée de ce bâton, ou on y fixait, des morceaux séchés de l'écorce des arbres, d'une grandeur de l'ordre de 10 cm à 15 cm. En Serbie du sud-est, on tressait une sorte de petit panier avec de l'écorce d'arbre, rempli avec de l'écorce de genévrier sèche et résineuse, des morceaux de bois de pin et de sapin. On les mettait sur de longues perches fourchues où on les fixait sur un ou sur plusieurs points, ou bien on les portait dans la main en les faisant tourner en rond. En fonction du climat et de la végétation, on arrachait l'écorce au genévrier, à l'orme, au bouleau, au cerisier, etc. On faisait sécher cette écorce au soleil, à l'air, dans la cheminée, et elle prenait la forme d'un bouquet, d'une rose épanouie, d'un paquet ou d'un cornet où on mettait des morceaux de bois d'allumage, de la paille, des chaussures en caoutchouc, et qu'on arrosait d'essence ou de pétrole. On utilisait également une botte de paille ou des chaussures en caoutchouc, pareillement apprêtées. L'« invention » la plus récente sont des « *lile* » de boîtes de couleurs remplies avec de la sciure arrosée d'essence, de pétrole, de goudron. Les enfants plaçaient ces boîtes sur des perches qu'ils portaient, enflammées, à travers le village. Une autre « innovation » est le bâton enveloppé de torchons et enflammé.

« *Lila* », qui est une constante dans le comportement religieux, était soumise à des règles non écrites mais définies. Il fallait arracher l'écorce des arbres un mois avant la fête. Avec le temps, ce délai fut réduit à quinze jours, puis à quelques jours avant la fête. Ce sont les garçons, chastes du point du vue du culte, plus tard les filles, chastes elles aussi, qui écorçaient les arbres. La « *lila* » devait être allumée par un feu fixe, aujourd'hui, le plus souvent délaissé. Ce sont les mères qui allumaient les « *lila* » des enfants avec le feu qui brûlait dans la maison, puis avec des allumettes. Les porteurs de « *lila* » devaient faire trois fois le tour du feu, dans une marche rituelle, l'un derrière l'autre, en couvrant avec de la suie leurs visages, les bergeries, les maisons, les potagers de choux et de pommes de terre, les champs d'orge et d'avoine, en prononçant une sorte de prière où revenait le refrain « *Oj, Petre...* » (« O Pierre… »), ou une formule magique « Où les « *lile* » s'en sont allées / C'est là que les moutons elles ont menés... ». C'est avec grand bruit que les porteurs de « *lile* » lançaient celles-ci en l'air, tandis que les personnes plus âgées, le public, tiraient des coups de fusil et de pistolet, en supporteurs. Avant que les « *lile* » ne soient consumées, les garçons menaçaient les femmes qui préparaient les produits laitiers, de les brûler vives si elles ne leur donnaient pas du fromage et de la crème. Ils le faisaient en se servant d'une formule consacrée, et les femmes leur répondaient de la même manière. Les « *lile* » presque brûlées étaient plantées autour des bergeries, des maisons, dans les potagers, dans les champs.

Toutefois, les plus anciens informateurs, nés au début même du 20e siècle, dans les régions où commencent les hauts plateaux avec plus d'espace pour les champs et le bétail d'étable composé surtout de vaches, répètent presque à la lettre lesdites règles, mais on y trouve les vaches à la place des moutons. Les données fournies par la première moitié du 20e siècle nous disent que garçons et filles portaient les « *lile* » dans les rues du village, dans les cours de leurs maisons, sur les routes, en chantant : « Les « *lile* » il conduit / Le blé en profite... ». On les connaissait aussi dans les villes parce qu'on les y portait à travers les rues, où il arrivait que les paysannes apportent et vendent des « *lile* » au marché. Actuellement, les coutumes qui se rapportent aux feux fixes et aux « *lile* » se sont maintenues ici et là, dans les régions où on était convaincu de leur utilité. Ailleurs elles ont commencé à disparaître complètement ou dans certains de leurs détails, ou bien elles ont été transférées à la fête nationale du 7 juillet, jour de l'insurrection en Serbie, qui avait eu lieu en 1941. Au nord-ouest, dans la partie la plus civilisée de la Serbie, elles sont devenues un divertissement pour les enfants et les adultes.

Le passage de la coutume au divertissement ou aux attractions touristiques n'est pas typique seulement de la Serbie : il est général, même si au Monténégro oriental et partiellement en Bosnie, les coutumes ont gardé leur signification d'autrefois. Cependant, ce qui est caractéristique pour la région que nous venons d'examiner ici, c'est que les coutumes des éleveurs du bétail ont été adoptées par les agriculteurs. Cela s'est passé en corrélation avec les transformations des rapports économiques et sociaux sous l'influence du pouvoir, des peuples voisins, ainsi que par transition interne dans l'esprit du temps. Les anciens éleveurs, originaires en majeure partie des régions occidentales de la partie centrale des Balkans, des Dinarides, devenaient d'excellents agriculteurs, fruitiers, vignerons, en transmettant et en gardant en partie, dans les circonstances économiques nouvelles, leurs coutumes héritées. C'est de cette manière qu'on pourrait se permettre de placer la célébration de la Saint Jean et de la Saint Pierre dans le cadre des coutumes agraires pratiquées à partir de la fin du 19e et des premières décennies du 20e siècle.

Un exemple : LE JOUR DE SAINT PIERRE DANS LA RAĐJEVINA

Texte et vidéo faits par Dobrivoje Pantelić, paysan du village Donja Brezovica, ensemble régional de la Radjevina, partie septentrionale de la Serbie occidentale, 1997.

Les eaux torrentueuses de la Radjevina attirent et grisent par leur aspect, de même que les forêts et les jachères vertes, les champs dorés sous les épis de blé mûr. Le soleil torride de juillet annonce une abondante moisson et la célébration du Jour de Saint Pierre. D'après les croyances populaires, les « *lile* » sont allumées en commémoration de Saint Pierre. Ce saint moissonnait les blés pendant la nuit et allumait les « *lile* » pour mieux voir. La célébration du Jour de Saint Pierre dans la Radjevina commence deux semaines avant la fête elle-même, par un jeûne pour cette fête-là, quand sont préparés les mets pour la période de ce jeûne.

Le premier jour du jeûne, deux membres de la famille, d'ordinaire le frère et la sœur qui ne sont pas encore mariés, se rendent en forêt pour écorcer les « *lile* ». Ils emportent obligatoirement avec eux un sac de toile tissée à la maison et un couteau. Ils trouvent en forêt un cerisier sauvage et ils en arrachent l'écorce qui s'appelle « *lila* ». Les « *lile* » peuvent être vieilles ou neuves. La vieille « *lila* » a été arrachée au tronc d'un cerisier pendant quelques années, et la neuve est arrachée à un tronc pour la première fois. Le frère et la sœur mettent ces écorces dans le sac, les apportent à la maison et les sèchent au soleil. Selon une croyance, si c'est un cerisier enté qui a été écorcé, il ne poussera plus et séchera. La « *lila* » une fois apportée, la maîtresse de maison s'en va à l'étable pour traire la vache, et prépare avec le lait frais des « *sirce* » ou pains de fromage qu'elle met sur des feuilles de chou ou de vigne, et qu'elle sèche au soleil jusqu'au Jour de Saint Pierre. Ces pains de fromage de formes diverses, sont jolis et blancs comme neige.

Le soir à la veille du Jour de Saint Pierre, le frère et la sœur qui ont écorcé les « *lile* », se rendent de nouveau en forêt pour couper les bâtons où ils mettront ces « *lile* ». Ces bâtons sont en bois de noisetier : selon une croyance, les serpents n'osent même pas approcher du noisetier, et comme cet arbre sera apporté dans la cour de la maison, les serpents s'en détourneront. Le bâton de noisetier est entaillé à l'un de ses bouts et on y met les « *lile* ». Lorsqu'on les y met en quantité suffisante, leur bout au fond de l'entaille est lié avec des fils de fer, et cela s'appelle un « *buzdovan* » - la massue de fer. Ces massues sont faites par ceux qui ont écorcé la « *lila* ». Dans les villages de la Radjevina, les habitants rivalisent à qui aura fait plus de massues de vieille ou de nouvelle « *lila* ».

Au premier crépuscule, à la veille du Jour de Saint Pierre, les villageois commencent à se rassembler sur les plus hauts sommets des collines du hameau. Cela a été pareil la dernière fois. Les habitants du hameau « Gaj », dans le village de Donja Brezovica, se sont rassemblés au carrefour Cvijić.

Quand la nuit est tombée sur les villages de la Radjevina, on a commencé à allumer les « *lile* » pour que le feu et le bruit chassent les êtres démoniaques. Les enfants courent et agitent les « *lile* » allumées, en criant « Nous agitons les « *lile* » pour que nos mères nous donnent les pains de fromage ».

Lorsque la flamme est éteinte, les habitants se dispersent en emportant les bâtons de noisetier consumés. Le matin du Jour de Saint Pierre, la maîtresse de maison plante ces bâtons dans la porte cochère, dans les produits de la récolte, elle les jette sur le toit de l'étable, pour que la maison rapporte plus et que les vaches donnent plus de lait.

Pour ce Jour de Saint-Pierre, on cueille les pommes « Petrovače », qu'on ne mange pas avant cette date, et pour le déjeuner, le jour de la fête, les mères donnent à chacun de leurs enfants un pain de fromage.

Dans la Radjevina, ces coutumes sont toujours pratiquées.

Bibliographie :

- Bojović, N., *Stočarski stanovi Poledica i Zlatica*, Zbornik radova Narodnog muzeja u Čačku 17, Čačak 1987, 170.

- Derdemez, H., *Verovanja i običaji vezani za neke praznike u Barama i okolini*, Novopazarski zbornik 8, Novi Pazar 1984, 197, 198.

- Gavazzi, M., *Godina dana hrvatskih naodnih običaja* I, Zagreb 1938, 82-102.

- Filipović, M., *Različita etnološka gradja /Crna Gora i Sandžak/*, Srpski etnološki zbornik LXIII, Srpska akademija nauka, Beograd 1967, 193, 194, 268.

- Jovanović, D., *Paljenje petrovdanskih lila - narodni običaji stočara zapadne Srbije i Peštara*, Zbornik narodnog muzeja u Čačku 7, Čačak 1976, 197-211.

- Karadžić, Stef. V., *Srspki rječnik*, Beograd 1935, s.v. Lila.

- Karadžić, Stef. V., *Život i običaji naroda srpskog*, Beograd 1957, 67.

- Kostić, P., *Godišnji običaji*, Glasnik Etnografskog muzeja 52-53, Beograd 1989, 105.

- Milićević, Ž.M., *Život Srba seljaka*, Glasnik Srpskog učenog društva XXXVII, Beograd 1873, 119.

- Mušović, E., *O nekim zajedničkim običajima muslimanskog i pravoslavnog stanovništva Pešteri i Bihora*, Glasnik Etnografskog muzeja 43, Beograd 1979, 236.

- Nedeljković, M., *Godišnji običaji u Srba*, Beograd 1990, s.v. Lila.

- Petranović, B., *Običaji srpskog naroda u Bosni*, Glasnik srpskog učenog društva XXX, 375.

- Petrović, Ž.P., *Lile, olaliju i srodni običaji*, Glasnik Etnografskog muzeja II, Beograd 1927.

- Popović, M., *Običaji srpskog stanovništva u Suvom Dolu* II, Novopazarski zbornik 14, Novi Pazar 1990, 142.

- Vešović, R., *Pleme Vasojevići*, Sarajevo1936, 401, 402.

II. Dynamique des fêtes et des rites agraires contemporains

Esprit du blé, Madones et saints patrons : la « dernière gerbe » et le « jeu de la faucille » en Italie du Sud

Vincenzo M. SPERA
Universita degli Studi di Siena,
Dipartimento du Studi Storico-Sociali e Filosofici, Arezzo, Italie.

Résumé : Ce texte présente des données relatives aux jeux rituels, chers aux folkloristes, qui accompagnent la fin des moissons traditionnelles. L'analyse est basée sur des cérémoniels reconstitués à l'intention des anthropologues à partir des années 1960, ainsi que sur des récits d'anciens moissonneurs. A partir de la description des faits donnée par l'ethnologue italien Ernesto Di Martino et d'observations menées dans plusieurs villages, il est possible de caractériser les transformations des cérémonials de fin de moisson au vingtième siècle. Malgré la persistance de variantes morphologiques nombreuses, ces cérémoniels sont généralement médiatisés et servent de prétexte à un discours répandu concernant leur archaïsme. Les objets qu'ils utilisent (déguisements, gerbes décorées) sont alors condamnés par les prêtres pour leur paganisme. En contrepartie, le scénario de fin de moisson est souvent intégré à des processions votives estivales, et change de date. Quand le rituel n'est plus en rapport, pour cause de modernisation, avec l'économie agricole réelle, il arrive que l'on cultive quelques arpents de blé dans le seul but de le rejouer. On a ainsi une persistance de motifs folkloriques traditionnels, par le biais d'adaptations et de reconstitutions, qui durent bien au-delà de la disparition des conditions qui les justifiaient.

Je présente ici, en résumé, les résultats d'une recherche ayant pour objet des cérémonials distincts mis en pratique au cours des dernières phases de la moisson. Ils sont connus, sous des définitions assez générales, l'un sous le nom de la dernière gerbe ou encore, en Basilicate, de la chasse au bouc de la dernière gerbe ; l'autre comme le jeu de la faucille. La première définition est empruntée à Van Gennep, la deuxième est celle qu'utilisent les paysans ; elle désigne une série d'actions accomplies par les moissonneurs pour prouver leur adresse et leur courage. A ces deux actions cérémonielles vient s'ajouter une autre, dans laquelle figure le propriétaire du champ.

Il n'existe pas en Italie de recherches systématiques sur les cérémonials appelés communément « de la dernière gerbe », ou plus exactement concernant la coupe de la dernière brassée d'épis ; même chose pour le jeu de la faucille et les défis qui concluaient la moisson.

On ne peut désormais recueillir que de très rares informations sur ce cérémonial spécifique : la mécanisation a été introduite en agriculture depuis plusieurs décennies déjà, et ceux qui auraient pu faire fonction d'informateurs sont morts depuis longtemps. Je me rapporte plutôt à ce que l'on peut obtenir du dépouillement de textes traitant du folklore régional et local. En effet, on ne peut trouver d'informations de ce genre, sur une période antérieure aux années 1960, que dans les publications de certains folkloristes locaux. Ceux-ci, parallèlement à leur intérêt essentiel pour la production littéraire populaire - caractéristique qui a marqué et profondément conditionné dès leur origine les recherches folkloriques italiennes - pourraient avoir pris soin de relever et de décrire également des cérémonials et autres représentations dramatiques, en rapport non seulement avec le travail en général, mais aussi avec les activités agricoles, en particulier celles du cycle du blé.

Mais d'après les recherches que j'ai jusqu'à présent effectuées dans ce sens, les informations que l'on peut récolter ne sont pas comparables, ce me semble, à ce qui a été relevé de façon plus systématique et unitaire en France par Arnold Van Gennep (*Manuel de folklore français contemporain*) ou plus généralement, par ce qu'ont présenté, dans une approche certes plus archaïsante, des chercheurs tels que Mannhardt (*Antike Wald- und Feldkulte*), Frazer (*The Golden Bough*) et Liungman (*Tradizionswanderungen EuphhratRhein*) entre la fin du 19e et le début du 20e siècle.

La seule description et interprétation des cérémonials de la dernière gerbe et du jeu de la faucille, présentée dans le contexte d'une analyse historico-religieuse et anthropologique, est celle publiée par Ernesto De Martino en 1960 et rééditée deux ans plus tard dans son volume *Furore simbolo valore*, au chapitre intitulé « La moisson de la douleur »[1].

Cette description se rapporte à une observation effectuée quelques années auparavant à San Giorgio Lucano, dans le département de Matera, sur la rive droite du torrent Sarmento, premier et à l'époque unique village de la région où ces deux cérémonials sont relevés et documentés. De Martino y aboutit à partir d'informations récoltées quelques années auparavant à l'occasion de recherches sur les lamentations funèbres en Basilicate[2]. Il n'a pas observé un cérémonial encore en vigueur, mais il l'a fait reconstituer[3], ce qui n'enlève rien à la valeur documentaire de sa contribution, mais qui reste un élément dont il faut tenir compte.

J'ai appris en effet plus tard, de la bouche des informateurs interrogés par De Martino, qu'ils avaient exécuté le cérémonial de la chasse au bouc et du jeu de la faucille des années après sa disparition, justement pour qu'il soit filmé par le chercheur et auteur de documentaires Nino Dal Frà. Plus tard, en 1973, ces mêmes « joueurs de faucille » reconstituent la scène pour Folco Quilici[4], qui la présente comme un rituel encore pratiqué, en reprenant mot à mot dans son commentaire, avec quelques fioritures littéraires supplémentaires, ce qu'avait déclaré De Martino en 1960.

L'exécution de la chasse au bouc et du jeu de la faucille a été interrompue dans les campagnes de Basilicate à l'époque de la Deuxième Guerre mondiale. Quelques années plus tard, au début des années 1950 et seulement en tant qu'événement sporadique dont j'ai entendu parler à San Giorgio Lucano, le jeu de la faucille a été pratiqué pour la dernière fois dans quelques villages de la vallée du Sarmento et de la vallée de l'Agri à la fin de récoltes faites à la main sur des versants de collines difficilement accessibles à des moissonneuses-batteuses.

Voici les descriptions qui figurent dans le texte de De Martino. Je les propose ici, comme toutes les autres, uniquement en fonction des données de la description ethnographique. La première concerne la chasse au bouc de la dernière gerbe :

« Le motif principal est le camouflage de la moisson : en d'autres termes, les moissonneurs se comportent comme si l'opération qu'ils effectuent n'était pas la moisson, mais une battue de chasse au bouc. Un vieux paysan joue le rôle du bouc : deux bouquets d'épis entre les lèvres, une peau de bouc attachée sur le dos, deux faucilles tenues à hauteur de la tête de façon à imiter des cornes, les yeux hagards d'un animal traqué, et le « masque » est prêt. Le bouc court se cacher dans les blés, et seule sa tête pointe de derrière les épis : les moissonneurs se disposent en cercle à une bonne distance autour de la proie, pour commencer la battue.

Au son de la musette, ils avancent en fauchant les blés, et resserrent progressivement le cercle, tandis que le bouc cherche refuge çà et là parmi les épis encore debout. Sa toison noire et les faucilles luisantes qui lui servent de cornes se déplacent rapidement au milieu des épis, disparaissent quelques instants au plus épais du champ, puis reprennent la course : les cris gutturaux lancés par le bouc et par les chasseurs se croisent au-dessus du champ. On entend des phrases de ce genre : « Ne gênez pas les chasseurs! », « Si je l'attrape, cette ordure, je le tue! ». L'excitation est à son comble, la colère fait pâlir les chasseurs, tandis que le cercle, tout en continuant de faucher au son de la musette, se resserre inexorablement autour de la proie, qui voit progressivement diminuer sa marge de protection végétale. Finalement, il ne lui reste plus comme refuge que la dernière gerbe à faucher : le bouc est alors rattrapé, et tué symboliquement avec la coupe de la dernière brassée d'épis »[5].

Les autres descriptions portent sur deux moments et des phases différentes du jeu de la faucille. La première consiste en un défi entre moissonneurs ; la deuxième en une agression au propriétaire du champ. Ces actions m'ont été décrites comme bien distinctes, au cours des recherches que j'ai commencé à mener quinze ans après De Martino, dans d'autres villages de cette même vallée du Sarmento, proches de San Giorgio Lucano, et dans d'autres territoires relativement plus éloignés, toujours dans cette même région : toute la vallée adjacente du Sinni, la moyenne vallée de l'Agri, du Cavone et du Basento.

Voici la description du jeu de la faucille :

« Il s'agit d'une pantomime exécutée à la fin de la moisson d'un champ de blé : au départ, elle représente symboliquement la moisson elle-même, mais c'est aussi un combat entre moissonneurs armés de leurs faucilles. Les moissonneurs avancent au son de la musette, en mimant la moisson : ils avancent rythmiquement, comme s'ils dansaient, ou bien ils s'arrêtent à l'improviste en prenant une attitude bien précise : par exemple, la main droite armée d'une faucille tenue bien haut. Bien vite la pantomime se complique : les moissonneurs font semblant de se battre entre eux, en formant des groupes de deux ou trois, et en exécutant à l'aide de leur faucille des figures de combat. L'excitation grandit, jusqu'à ce que l'agressivité se retourne contre le patron, que l'on va chercher, poursuivre et capturer. A ce moment-là, le propriétaire doit jouer le jeu : on le place près de la « lieuse », c'est-à-dire la femme chargée de lier les gerbes, et on pose aussi auprès d'elle la dernière brassée fauchée.

Les moissonneurs exécutent autour du patron l'habituelle pantomime de la moisson, puis de la pointe de la faucille ils le déshabillent : d'un coup bien ajusté son grand chapeau de paille s'envole, puis la pointe de la faucille déboutonne adroitement chacun des boutons de sa chemise, et d'un autre coup la chemise s'envole ; la même opération est effectuée sur les pantalons, et le patron reste en caleçon. Dans l'esprit des acteurs, la pantomime est exécutée pour obliger le patron à payer à boire aux moissonneurs, maintenant que la moisson est achevée : en effet, une fois l'opération terminée, on fait circuler quelques bouteilles de vin sur le champ moissonné. Dernier acte, la procession vers la ferme. Elle est ouverte par la « lieuse », qui porte sur la tête une gerbe symbolique, puis suivent les danseurs qui avancent en mimant la moisson au son de la musette, et tous les autres derrière, y compris le patron en caleçon »[6].

Cette description est suivie de celle d'une action que De Martino considère comme faisant partie du jeu de la faucille, alors qu'il s'agit selon moi d'une variante. Elle est en effet largement différente du jeu de la faucille, ou tout au moins elle représente une complication de ce jeu, plus récente, résultant de la fusion d'une forme de défi, désigné ailleurs sous le nom de *falciata* (la fauchée), variante du jeu de la faucille, avec une chasse au bouc.

Au cours de cette action, le bouc, ou la dernière gerbe (présence mythique et imaginaire reconnue, de Mannhardt et Frazer jusqu'à Van Gennep, comme le siège ultime de l'esprit du blé) sont remplacés par le propriétaire du terrain ou par un personnage de remplacement.

Le deuxième passage que je citerai concerne des récits recueillis sur place par De Martino et se rapportant à un passé plutôt flou : c'est la description d'une des phases du cérémonial, présentée au passé, donc désormais inopérante et non observée directement. Dans cette phase, le cérémonial se déroule d'abord à la campagne, puis au centre du village où pénètre la procession des participants.

De l'action représentée dans la cour de la ferme, dans une dimension privée, ou du moins limitée aux moissonneurs et au propriétaire du champ, on passe à une deuxième action, publique et collective cette fois, au bénéfice du village. Cette deuxième phase rappelle de très près ce qui a été relevé et décrit dans un document d'origine calabraise cité plus avant :

« Autrefois, d'après ce que nous ont raconté les informateurs de San Giorgio Lucano, la chasse au patron à la fin de la moisson prenait des accents dramatiques : le patron se sauvait et cherchait refuge en se cachant. Si les moissonneurs ne le trouvaient pas, ils pouvaient se rattraper en capturant d'autres membres de la famille du propriétaire pour les soumettre au même traitement. Jusqu'à il y a quelques années, le jeu de la faucille se déroulait à San Giorgio Lucano non seulement dans les champs mais aussi sur la place du village : il s'agissait d'une véritable pantomime désormais dégagée de tout rapport avec l'activité agricole dans le contexte de laquelle elle était née. Les plus importants propriétaires de la zone, deux ou trois en tout, étaient amenés sur la place et devaient jouer le jeu, et tout se terminait par une grande beuverie. Mais un beau jour la police resta impressionnée par ces faucilles virevoltantes manipulées par des moissonneurs ivres, dansant autour des propriétaires pratiquement en caleçons, et elle interdit la pantomime pour des motifs d'ordre public »[7].

Ma recherche sur le terrain, effectuée en Basilicate, de documents et de témoignages de la chasse au bouc de la dernière gerbe et du jeu de la faucille a débuté en 1975 et s'est poursuivie jusqu'en 1990.

Initialement limitée à San Giorgio Lucano, elle s'est progressivement élargie à toute la région[8].

Je ne rapporte ici que la documentation la plus consistante (quoiqu'elle soit ici limitée à trois villages), en mesure de servir de référence sur les différentes formes et transformations qu'ont subies ces deux cérémonials de la moisson.

La description de De Martino elle-même présente une des formes d'action cérémonielle dont se souvenaient encore ceux qui y avaient participé quelques années auparavant.

Les témoignages, les « mises en scène » ou plus exactement les reconstitutions décrites par De Martino et celles dont j'ai ensuite relevé des traces font apparaître les transformations qu'ont subies ces cérémonials jusqu'à leur disparition et leur non-correspondance au plan productif et au plan symbolique.

Dans les formes sous lesquelles je les ai relevés[9], ils reflètent essentiellement leur état de désagrégation, ou leur disparition progressive de la mémoire des derniers témoins. Sauf si, dans très peu de cas, et seulement en ce qui concerne le jeu de la faucille, ils ont été englobés dans des actions ludiques et festives mises en scène à l'occasion des fêtes patronales. Dans cette dimension, qui est marquée par le décalage temporel (août) et spatial (dans le village), la dramatisation devient un spectacle ou une manifestation de dévotion, au bénéfice d'un nombre toujours croissant de touristes.

Dans certains villages, ces cérémonials ne figurent pas tous en même temps, en tant que phases successives d'une même action globale, comme c'est le cas dans la description de De Martino, où ils figurent en trois temps : la chasse au bouc, la capture du propriétaire dans le champ ou à la ferme, le cortège jusqu'au village avec les moissonneurs et la dernière gerbe, la répétition au village de la capture et du déshabillage du patron.

L'action la plus documentée et présente dans les mémoires, attestée partout, bien qu'à des stades différents et avec des variantes, est le jeu de la faucille. Une véritable compétition mise en œuvre non seulement ou exclusivement en fonction de la coupe de la dernière brassée ou gerbe, mais aussi dans des circonstances qui ne sont pas liées à la conclusion de la récolte.

Je n'ai trouvé que très peu de traces, par ailleurs fort intéressantes, de la chasse au bouc, ou à l'animal sauvage que l'on imagine caché dans les derniers épis, et cela en particulier dans des villages proches de San Giorgio Lucano et attesté par des informateurs très âgés. J'ai également trouvé quelques allusions dans le nord de la région, mais de façon très épisodique, fragmentaire et confuse.

Dans certains cas, les personnes à qui je m'adressais et que l'on m'avait signalées comme anciens moissonneurs me renvoyaient à d'autres qu'ils considéraient comme plus qualifiés. La plupart du temps, il s'est agi d'anciens moissonneurs disparus ou ayant émigré après la guerre, ou qui avaient rejoint leurs enfants émigrés au Nord quelques années avant mon arrivée.

Je présenterai en premier lieu les matériels et documents concernant San Giorgio Lucano ; puis ceux qui se rapportent aux fêtes patronales ; enfin la description, telle qu'elle m'a été communiquée, de tout ce que j'ai pu recueillir directement ou avec l'aide de collaborateurs. Mais je ne rapporte ici que les témoignages selon moi les plus fiables.

Le matériel le plus intéressant provient du secteur méridional de la région, dans les villages situés des deux côtés de la vallée du Sarmento et du Sinni et dans certains centres de la basse et moyenne vallée de l'Agri. Puis on trouvera un exemple provenant de la moyenne vallée du Basento, et un autre des montagnes entre la haute vallée de l'Agri et la haute vallée des Sinni. J'utilise comme référence géographique et territoriale les vallées des fleuves ou rivières à régime torrentiel, car c'est le long de ces voies de communication naturelles que se faisaient les principaux déplacements, y compris ceux des moissonneurs et des bergers. C'est d'ailleurs le long de ces vallées plutôt étroites qu'a été récemment aménagé le nouveau réseau routier de la région.

Les villages où j'ai récolté des notices et informations utilisables et dignes de foi sont : San Giorgio Lucano et Colobraro, dans le département de Matera ; Episcopìa, San Paolo Albanese, Noepoli, Gallicchio, Campomaggiore et Castelsaraceno, dans le département de Potenza.

1 : San Giorgio Lucano (1975, 1981).

La façon dont ce village a réagi aux sollicitations découlant de l'intervention extérieure d'un anthropologue et aux attentions des journalistes et des télévisions, dont il a été l'objet initialement inconscient, peut donner lieu à une analyse en soi[10], que je renvoie à d'autres lieux. Je ne rapporterai ici que ce que j'ai eu l'occasion d'observer en rapport avec les cérémonials de la dernière gerbe[11].

Les renseignements assez vagues qui m'ont été fournis sur l'exécution de la chasse au bouc au cours de la Saint Roch, saint patron du village, ne m'ont pas permis de récolter une documentation spécifique plus riche. En effet, une fois arrivé à San Giorgio, j'ai eu du mal à trouver les joueurs de faucille. Ce n'est que dans l'après-midi que j'ai appris que le groupe se trouvait en dehors du village, où il s'était rendu pour une partie de campagne et où probablement certains de ses membres exécuteraient le jeu de la faucille.

Quelques années auparavant, à la fin des années 1960, en 1971 et 1972, la pantomime a été exécutée épisodiquement pendant la procession avec la statue de saint Roch. Après la diffusion de l'émission de télévision *L'alba dell'uomo* (L'aube de l'humanité)[12] et les différents articles de journaux où l'on parlait avec emphase de « l'archaïsme païen du rite encore vivant de la moisson » de San Giorgio Lucano, le curé du village l'interdit, avec l'aide des gendarmes. Le motif en était, comme le prêtre lui-même me l'a expliqué sans grand enthousiasme, qu'il s'agissait d'une cérémonie païenne qui pouvait entraîner la représentation de puissances démoniaques (le bouc) et que pour cette raison on ne pouvait pas l'inclure dans la fête religieuse et chrétienne du saint patron

Lorsque j'ai enfin pu retrouver le groupe des anciens moissonneurs, ils revenaient vers le village.

Certains d'entre eux portaient une *vandera* (tablier protecteur) de toile et tenaient des faucilles en main. L'un d'entre eux portait une peau de bouc jetée sur les épaules, deux faucilles et quelques épis : c'était le *crapio*, le bouc. Dès qu'il m'a vu, il a placé les épis dans sa bouche et appuyé les manches des faucilles sur ses joues. Il y avait avec eux un homme déguisé en femme : jupe, chemisette à la poitrine bourrée de chiffons, foulard sur la tête, lunettes de soleil, chaussettes rouges : c'était la *leganda* (lieuse). Il portait une petite gerbe de blé. Puis il y avait quatre autres hommes. A part la lieuse, qui avait dans les quarante ans, ils avaient tous plus de soixante ans. Ils portaient une *vandera* en toile grossière ou en sac. Ce tablier, fondamental pour les moissonneurs, servait à protéger leur corps et leurs jambes des épis et des chaumes. Autrefois, il était fait d'une peau de chèvre entière, à laquelle on laissait le poil.

Un des membres du groupe portait une deuxième gerbe et une couronne d'épis ; un autre, sans faucille, jouait du bandonéon. Avec la *paranza* (équipe), composée de cinq moissonneurs et une lieuse, il y avait d'autres personnes : des hommes âgés, et quelques jeunes, petits-enfants des moissonneurs.

Ils m'ont expliqué que depuis deux ans[13] environ l'après-midi de la fête ils se rendaient à la campagne pour faire leur petite fête, manger, boire et pratiquer de temps en temps le jeu de la faucille avec le bouc.

Ils m'ont également déclaré que lorsque De Martino (dont ils parlaient comme du « professeur de Rome ») était venu à San Giorgio, le jeu n'était plus pratiqué depuis plus de dix ans, peut-être même plus. Eux l'avaient pratiqué dans leur jeunesse, avant la guerre. Ensuite, avec tous les problèmes qui s'étaient créés et la diffusion des moissonneuses-batteuses qui arrivaient partout, personne n'a plus eu la « fantaisie » de le mettre en scène. D'autant plus que quelques années avant la guerre il avait été interdit. Mais cela ne leur aurait pas posé de problème. Ils me dirent aussi avec enthousiasme que c'était le professeur de Rome, « qui était venu avec un homme qui faisait du cinéma », qui le leur avait « rappelé ». Puis d'autres sont venus, y compris des étrangers, qui le leur ont fait répéter, jusqu'à quelques années auparavant. Mais la dernière fois a été la plus importante parce qu'ils se sont vus à la télévision. Sauf qu'à partir de ce moment-là le curé ne les a plus voulus à la procession.

Sans que je le leur demande, les vieux moissonneurs ont commencé le jeu de la faucille.

Arrivés sur l'esplanade en terre battue d'un chantier cantonnier, la lieuse a posé la gerbe par terre ; le bouc s'est placé à ses côtés et un moissonneur devant. Les deux autres moissonneurs s'étant alors placés à quelques mètres, ont commencé à faire semblant de moissonner, la faucille dans la main droite. Un seul, surnommé « D'Artagnan », tenait une brassée d'épis dans la main gauche. Les deux autres tenaient une touffe de rameaux feuillus. Se rapprochant de la gerbe, et donc de la lieuse, du bouc et du troisième moissonneur, les deux individus ont commencé à se battre à la faucille. Arrivés près du groupe de la gerbe, le troisième moissonneur est intervenu pour les éloigner. Puis tous les trois se sont mis à jouer aux faucilles, chacun contre les deux autres. Il existe une documentation photographique de ce combat à trois due à Franco Pinna, qui a photographié une reconstitution du cérémonial, probablement dans les campagnes de San Giorgio Lucano[14].

Après quelques escarmouches et tentatives de se frapper les uns les autres, mais aussi de se défendre avec la gerbe de blé ou avec les rameaux, deux moissonneurs ont posé le dos de la lame de la faucille sur le cou de la lieuse.

A ce moment-là, quelqu'un dans l'assistance a imité un coup de fusil et le bouc, qui jusqu'alors cherchait à se cacher en tournant autour de la gerbe et de la lieuse, s'est jeté à terre. La musique du bandonéon a également cessé à ce moment-là.

A la fin, très timidement, ils m'ont demandé de les payer, comme l'avaient fait jusqu'à présent tous ceux qui leur avaient fait « faire du cinéma ». La question fut résolue plus tard au village, où nous rentrâmes tous, avec le secours de deux bouteilles de vin.

A l'entrée du village, le groupe des joueurs de faucilles s'organisa en un petit cortège qui augmenta en nombre au fur et à mesure qu'il avançait vers la place.

Les trois moissonneurs allaient de l'avant, en agitant continuellement les faucilles et en évoluant tantôt rageusement, tantôt comme en dansant ; puis venait la lieuse avec sur sa tête la petite gerbe et le bouc qui virevoltait autour d'elle ; le joueur de bandonéon, qui n'avait jamais cessé de jouer des tarentelles ; puis le reste de la bande avec l'autre gerbe plus petite et la couronne d'épis.

Arrivé sur la place, le cortège se disposa en cercle. En son milieu, la lieuse planta sa gerbe avec une autre plus petite sur laquelle elle déposa la couronne d'épis. De chaque côté se tenaient le bouc et le musicien. La pantomime débuta immédiatement. Cette fois, dès que les moissonneurs commencèrent à avancer en mimant les gestes de la moisson, le bouc se mit à courir parmi la petite foule de spectateurs. Entre-temps les deux moissonneurs, gênés par le troisième, près de la lieuse, avaient repris la même escarmouche que précédemment. Le jeu des faucilles se fit alors plus haletant et agressif. Le public et le vin faisaient de l'effet. Au bout de quelques instants les moissonneurs avaient les avant-bras égratignés et ensanglantés.

Après quelques minutes d'escarmouches et de poursuites du bouc parmi la foule, les moissonneurs ont encerclé l'animal qui s'était réfugié près de la gerbe. Dès qu'ils ont posé le plat de la lame sur le cou de la lieuse, on a entendu un coup de fusil, mais cette fois véritable. Le bouc s'est alors effondré au sol. Le moissonneur au bandonéon s'est approché de lui tout en continuant à jouer penché sur le corps de l'animal abattu.

Tandis que le public intrigué cherchait à mieux voir le bouc allongé par terre, « D'Artagnan » et un autre moissonneur se sont approchés par surprise d'un des spectateurs. Le bandonéon jouait toujours. L'homme cherchait à résister, mais les autres membres de l'assistance l'ont rassuré en lui recommandant de ne bouger sous aucun prétexte. De toute évidence embarrassé, effrayé quoique souriant, l'homme n'a plus parlé ni bougé. Comme je l'ai su plus tard, c'était un technicien de la compagnie d'électricité qui se trouvait là pour son travail et qui était passé par hasard sur la place.

Avec une adresse surprenante, en n'utilisant que les pointes des faucilles, en opérant d'un commun accord, et en les manipulant comme si c'étaient des mains et les pointes leurs doigts, les deux joueurs ont commencé à déboutonner sa chemise, puis ses pantalons et ils étaient sur le point d'enlever ses slips quand des femmes parmi la foule sont intervenues en disant au malheureux que pour obtenir sa libération il devait offrir du vin. Quelques bouteilles de vin furent amenées du bar tout proche. Ce n'est qu'à ce moment-là que les deux joueurs ont cessé.

Quant au choix de cet homme, qui a remplacé dans la pantomime le propriétaire d'autrefois, je n'ai pas pu savoir s'il était délibéré. Il peut être toutefois significatif qu'un technicien de la compagnie d'électricité, considéré localement comme l'expression d'un pouvoir, ait été choisi pour être déshabillé, et qu'il ait dû racheter sa liberté avec du vin.

A la fin de la représentation, le groupe s'est lentement éparpillé.

Plus tard, on m'a montré une grosse *gregna* (gerbe) votive, appelée aussi *cinto*, entièrement faite d'épis de blé[15]. C'était un objet très compact, en forme de parallélépipède. Elle n'était que légèrement décorée, avec des objets de la crèche et de l'arbre de Noël. Au sommet figurait une touffe d'épis s'achevant par un bouquet de fleurs blanches en papier. Elle était posée dans la rue, sur la chaussée près de l'église. On l'avait amenée en procession devant la statue du saint. Le curé ne l'avait pas voulue à l'église, comme le voulait la tradition, car il avait déclaré qu'elle était l'expression de résidus païens. C'est du moins ce que m'ont dit les femmes qui l'avaient confectionnée et portée chacune à son tour sur la tête pour honorer un vœu et en l'honneur de saint Roch.

Je suis retourné au village en 1981 le jour de la Saint Roch. Il ne restait plus de trace du jeu de la faucille et les informateurs et exécutants que j'avais contactés six années auparavant, ceux qui étaient encore en vie - parmi eux D'Artagnan - se sont montrés plutôt réticents à en parler. Un fait est certain, la pantomime de la chasse au bouc qui comprenait aussi le jeu de la faucille appartenait désormais au passé et ne pouvait plus être ressuscitée.

Seule trace fragile, la présence dans la procession du matin, d'une *gregna* beaucoup plus petite mais de forme entièrement différente : elle était faite de tresses et de touffes d'épis formant une sorte de coupole. Ornée de rubans blancs, de fleurs en papier et de guirlandes de Noël, elle était portée par une jeune fille à peine plus qu'adolescente. Elle est, elle aussi, restée à la porte de l'église après la procession.

L'habitude d'offrir des gerbes d'épis décorées soit à la fin de la moisson soit à la fin du battage est commune à d'autres territoires européens[16]. L'une des descriptions les plus anciennes et détaillées remonte à 1853 et se rapporte à un village des Abruzzes, Atri (département de Teramo)[17], où le prêtre intervenait pour les bénir.

« La moisson achevée, avant que les épis ne soient disposés en gerbes, les paysans d'un même voisinage, voués à un saint, ont l'habitude de se réunir et de lui apporter en offrande des gerbes de blé sur une carriole ou sur des charrettes. Ces gerbes sont posées en tas, en pyramides, ou sous des formes bizarres, et parmi les cris d'une foule nombreuse, un prêtre les bénit en même temps que les bœufs attelés au char, et à la foule. Cette cérémonie des gerbes se déroule toujours un jour de fête, on la répète plus d'une fois pendant le mois de juillet, et on ne la néglige jamais même si la récolte est maigre ».

La cérémonie de bénédiction de ce genre de compositions à base d'épis, offertes aux saints protecteurs locaux, comme *ex-voto*, ou comme forme propitiatoire pour la récolte future, est encore pratiquée dans d'autres villages de Basilicate, comme j'ai pu l'observer justement au cours de cette recherche.

2 : Episcopìa (1986, 1987).

Dans ce village de la haute vallée du Sinni, j'ai suivi en 1987 la fête de la Vierge des Neiges, qui en est la sainte patronne. J'avais appris l'existence de cette fête et de ce qui s'y déroulait l'année d'avant[18].

La légende locale qui est à l'origine de la vénération de la Vierge des Neiges est en partie commune à toutes les autres sur lesquelles se base, du moins dans le Midi, le culte de la Vierge du même nom. Elle raconte - du moins selon les versions transmises oralement[19] - qu'une femme eut un jour en rêve une vision de la Vierge qui lui demandait de faire bâtir une chapelle en son honneur sur une clairière, appelée le Plan, située sur la montagne derrière le village. Elle reconnaîtrait l'endroit à la neige qu'elle y trouverait, même si on était en août.

Jusqu'ici la version est commune. Mais à Episcopìa il existe une variante sur la suite.

Le lendemain, la femme se rend vers l'endroit désigné. En chemin elle rencontre des moissonneurs qui se battent à la faucille. Ils se battent pour la possession d'un loir qu'ils ont capturé ce matin-là dans un arbre. Les moissonneurs, qui par leur férocité font penser davantage à des bêtes qu'à des hommes, se trouvaient là justement parce qu'un petit champ de blé n'y avait pas encore mûri. La femme raconte son rêve aux moissonneurs et ceux-ci se calment. Ils veulent la suivre. Arrivés à l'endroit indiqué, ils trouvent la neige qui fond comme par enchantement. De même que c'est comme par enchantement que le blé du champ tout proche mûrit enfin et que jaillit une source.

La fête du cinq août, selon la tradition populaire locale, entend commémorer cet événement prodigieux. Le 5 août 1987 j'ai assisté à la fête de la Vierge du Plan, dite aussi Vierge des Neiges.

La procession part le matin de l'église principale. La statue de la Vierge est transportée dans une grande urne de bois et de verre. Elle est précédée de nombreuses offrandes votives à base de blé. On les appelle *gregne* ou *scigli*. Elles sont de formes et de dimensions différentes. Cette année-là, il y en avait une dizaine, qui pesaient toutes plus de vingt kilos ; c'étaient les plus petites, m'a-t-on dit, qui étaient appelées *scigli* (lys) ; chacune était transportée sur sa tête par une femme, aidée d'amies ou de parentes qui l'accompagnaient pour prendre le relais. Puis il y en avait plusieurs autres beaucoup plus grandes, posées sur des brancards portés sur leurs épaules par deux personnes, aussi bien des hommes que des femmes.

Toutes ces compositions avaient été confectionnées en utilisant les plus beaux épis que chaque offrant - en général une femme - avait choisis dans son champ avant la moisson. Ces épis avaient été conservés pour la fête. Certaines, portées sur les brancards, étaient plus compactes et leur superficie était entièrement recouverte d'épis. Les autres, plus légères, étaient faites de tresses d'épis qui grimpaient le long de chevalets ou d'échafaudages en forme de coupole ou de pyramide. Toutes étaient décorées de façon voyante à base de fleurs en papier, de rubans colorés et d'éléments décoratifs les plus disparates. Elles étaient offertes en signe de dévotion et de gratitude, mais aussi à des fins propitiatoires pour les récoltes à venir

Au fur et à mesure que les femmes arrivaient en portant des *gregne* ou des *scigli*, elles entraient dans l'église avec leur offrande, et elles attendaient que les autres arrivent. Lorsque tout le monde fut arrivé, le prêtre bénit l'assemblée. Puis la procession démarra.

Les *gregne* les plus volumineuses portaient à leur sommet en guise de drapeaux des châles et des foulards bariolés.

Sur quelques-unes d'entre elles on voyait des petites cages vides. Jusqu'à deux ans auparavant, l'on y enfermait des loirs qui, dans ce village comme dans d'autres localités de la région étaient (et sont toujours) capturés, puis mis à engraisser et consommés.

Le cortège de *scigli* et de *gregne* que certains appellent aussi *scipoli* (brassées d'épis) était précédé de six hommes âgés et d'une dizaine d'adolescents. C'étaient les moissonneurs, les joueurs de faucille. Ils portaient tous - comme l'avaient imposé depuis quelques années les organisateurs de la fête - une chemise blanche de toile à manches courtes, des pantalons noirs serrés sous le genou, des chaussettes blanches, une large ceinture à la taille[20] et un foulard rouge autour du cou. Certains portaient aussi un chapeau de paille à larges bords. Autour du cou un lacet d'où pendait une plaque ronde en carton jaune portant l'estampille du Comité des fêtes. Seuls deux d'entre eux portaient la *vandera* en peau de chèvre, mais rasée.

Tous, grands et petits, portaient dans la main droite une grande faucille de bois et dans la gauche une touffe de tiges de blé, solidement liées et sans épis. La vraie faucille, en métal, utilisée pendant la fête jusqu'à quelques années auparavant, avait été interdite d'autorité par le curé, pour des raisons de sécurité. C'est pour cette même raison que les épis avaient été coupés dans les gerbes.

De la sorte, les acteurs du jeu de la faucille étaient devenus de simples figurants à la façon d'une représentation de fin d'année scolaire ou d'un jeu télévisé. Le costume qu'ils portaient était de plus conçu en vertu d'une mode faussement folklorique, une mode de carte postale, désormais adoptée par presque tous les groupes « folk » destinés aux touristes, des Alpes jusqu'à la Sicile.

Mais la présence des moissonneurs, même habillés de façon si drôle, tenant en main cette espèce de sabre de bois, était malgré tout fondamentale pour justifier une autre « histoire » moins mythique ou fantastique, mais politiquement plus fonctionnelle. Il existe en effet dans le village un autre appendice à la légende d'institution de la fête ou, mieux, de sa caractérisation si particulière, qui fait que les moissonneurs qui pratiquent le jeu de la faucille jouent un rôle fondamental, bien que de deuxième ordre et faisant désormais simplement partie du décor. C'est du moins ce que j'ai pu y observer.

D'après cette deuxième « histoire » qui m'a été racontée par des personnes instruites et cultivées, et d'après ce que l'on enseigne aux écoliers d'Episcopìa, un certain cinq août du siècle dernier, ou peut-être du précédent, il y eut une rébellion des ouvriers agricoles contre les propriétaires du village, appelés « chaussures vernies ». Agressés par des paysans armés de faucilles et de gerbes de blé, ceux-ci se réfugièrent dans des locaux qui furent pris d'assaut. Les rebelles abandonnèrent le siège et l'attaque uniquement parce qu'ils furent attirés par la procession en l'honneur de la Vierge, organisée pour défendre les « assiégés ». Les moissonneurs commencèrent alors à suivre la procession en répétant par jeu, et entre eux, leurs attaques à la faucille, devenues depuis lors symboliques, tandis que *scigli* et *gregne* seraient là en souvenir des gerbes de blé.

Pour confirmer cette histoire assez invraisemblable, du moins par rapport à la fête actuelle, on m'a même montré la plaque d'une rue qui en souvenir de cet épisode a été baptisée rue Pesco Malconsiglio (rue du Mauvais Conseil).

Si le premier récit légendaire trouve des correspondances dans la production folklorique et anthropologique, ce dernier semble inventé à l'usage des propriétaires assiégés. Ceux qui soutiennent cette version ne se sont pas aperçus que les caractéristiques de la fête sont à mettre en rapport avec la production céréalière, et donc avec toute une série de comportements cérémoniels que l'on retrouve dans ce bassin du Sinni.

Arrivée sur la place, la procession fait une halte, la première de toute une série. Au son de l'accordéon, qui ne fait jamais défaut, les femmes qui portent les compositions les plus légères se mettent à danser par deux, toujours en portant l'échafaudage d'épis. Les moissonneurs, vieillards, jeunes gens et adolescents, ont commencé quant à eux à agiter leurs grandes faucilles de bois et leurs gerbes décapitées, en se plaçant tout à coup l'un en face de l'autre et en cognant mutuellement leurs « armes » inoffensives en les tenant à bras tendus au-dessus de la tête. Puis, se disposant en cercle ils ont mis en scène une sorte de jeu de la faucille d'où toute référence au cérémonial de départ est cependant absente.

Bien qu'agréables, leurs évolutions ressemblent plutôt à un charmant ballet, malgré toute leur bonne volonté, et n'a plus rien à voir avec une danse armée, du genre de la *'ndrezzata* pratiquée à Ischia (Naples), dont les organisateurs s'étaient peut-être inspirés pour enrichir la fête de références folkloriques, alléchantes pour les touristes.

Naturellement, les vieux étaient plus actifs et agressifs ; à tout le moins ils savaient probablement quelque chose de ce qu'ils étaient en train d'évoquer, même si aucun d'entre eux n'a su me dire comment se déroulait exactement le jeu de la faucille dans les champs.

Après environ une demi-heure de pause sur la place, la procession reprit la montée vers la chapelle à quelques kilomètres en amont. De temps en temps, elle s'arrêtait et la danse des *gregne* et le jeu des faucilles se répétaient.

Mais lorsque les vieux moissonneurs ont quitté la place, ils se sont détachés du reste de la procession. Arrivés à la limite du village, ils ont modifié leurs mouvements et la façon de manipuler faucilles et gerbes. Les six moissonneurs ont pris des positions différentes. Ils se sont partagés en deux groupes de trois et ont commencé à imiter la moisson en se bousculant l'un l'autre. Après quelques minutes de bagarre à trois (comme je l'avais vu faire à San Giorgio Lucano), deux d'entre eux se sont mis d'accord pour attaquer le troisième, en l'isolant. Ils ont commencé à virevolter plusieurs fois autour de lui en le poussant et en faisant semblant de vouloir lui couper la tête. A ce moment-là le troisième, qui était aussi le plus âgé, s'est jeté de tout son long par terre. L'un des deux agresseurs, l'emportant sur l'autre qu'il a éloigné à l'aide de sa faucille de et sa gerbe, s'est placé jambes écartées au-dessus de lui, tandis que, penché sur le « mort », il a appuyé sa faucille sur sa poitrine et sur son cou.

Après avoir répété ce geste plusieurs fois, il s'est redressé et a agité au-dessus de sa tête la faucille et la gerbe. Les deux autres moissonneurs ont procédé de même avec le troisième membre de leur groupe.

Au fur et à mesure qu'on approchait de la chapelle, le groupe des six vieux moissonneurs se détachait toujours plus du reste de la procession, en répétant la scène précédemment décrite. Arrivés dans un champ moissonné, portant des chaumes courts et secs, ils répétèrent encore une fois mais avec plus d'entrain la même pantomime. Ils y mettaient plus d'énergie, organisant de véritables poursuites de celui que deux d'entre eux, se mettant d'accord, décidaient d'isoler, sans respecter cette fois la séparation en deux groupes. Les ententes entre deux moissonneurs aux dépens du troisième se reconstituaient et se défaisaient sans cesse. Ce qui fait que celui qui avait tenu le rôle du tueur pouvait être obligé de faire le mort, même malgré lui.

A proximité de la chapelle, ces jeux, de plus en plus agressifs, prirent fin. Avant d'être déposée dans un porche[21], la statue de la Vierge s'arrêta sous l'arc de l'entrée. De la fenêtre en surplomb on versa sur elle une pluie de grains de blé. Une vieille femme, propriétaire de la chapelle et habitant à l'étage supérieur, lui en versa un plein récipient. Cette même opération se répéta, mais avec des quantités moindres, sur tous les *gregne* et les *scigli* et sur ceux qui les portaient tandis qu'ils défilaient devant la statue de la Vierge.

Puis, les compositions de blé une fois rangées, un repas commun fut consommé sur l'herbe d'un pré tout proche, à l'abri des arbres, et en utilisant l'eau de la fontaine sur l'esplanade devant la chapelle.

Parmi les éléments cérémoniels et rituels figurant dans la procession d'Episcopìa, il faut relever, de façon assez succincte pour l'instant, la présence particulière des loirs. D'après ce que m'ont dit certains de ceux qui confectionnaient ou qui portaient les *gregne*, ces animaux étaient placés dans des petites cages au sommet de presque toutes les offrandes votives - chaque dévot en avait au moins un - où ils restaient jusqu'au soir, heure à laquelle ils étaient abattus, décapités à la faucille et consommés. En effet, on mangeait (et on mange encore) les loirs à Episcopìa, même si le fait est de plus en plus rare. C'était d'ailleurs aussi le cas dans la Rome antique et c'est aussi le cas d'autres localités non seulement de la région, mais de tout le Midi[22].

La présence de cet animal dans la première légende d'institution du culte de la Vierge du Plan, ou des Neiges, est-elle aussi intéressante ? On se souviendra que les moissonneurs se disputaient pour un loir. On pourrait en déduire, du moins au plan des hypothèses, que cet animal sauvage était l'équivalent du bouc de San Giorgio Lucano, ou des autres animaux sauvages symboliquement chassés ou tués au cours des cérémonials de la dernière gerbe. Mais il faut ajouter une autre considération spécifique à cet animal, qui était capturé et mis à engraisser aussi en vue de sa consommation le jour de la fête. Il était alors montré sur les *gregne*, et recevait par conséquent la bénédiction de la pluie de grains de blé jetés depuis la fenêtre de la chapelle, selon un usage qui, m'a-t-on dit, est aussi ancien que la procession et la fête.

Même si ce sujet mériterait de plus amples approfondissements, j'aimerais rappeler la valeur symbolique de la graisse en rapport avec l'épi de blé, qui à son contact devrait gonfler et mûrir tant et plus, selon une conception[23] d'empreinte magique qui s'applique aussi aux femmes enceintes. Il faut remarquer à ce propos que le blé des *gregne* et des autres offrandes était - est toujours - conservé pour les semailles, à Episcopìa comme partout ailleurs. Une référence analogue, quoique se rapportant à des époques très reculées, sans qu'il y ait trace apparente de continuité - et l'exemple d'Episcopìa serait alors vraiment très intéressant - figure dans un volume de Marija Gimbutas, qui évoque l'utilisation des cochons de lait engraissés puis abattus au cours d'une fête consacrée à Demeter trois mois avant les semailles. Puis les restes putréfiés des porcelets étaient mélangés aux grains destinés à la terre[24], et enfouis avec eux.

J'ai pu observer le lancer de blé sur la statue de la Vierge dans d'autres villages, par exemple le jour de l'Assomption à Teana, non loin d'Episcopìa. Dans ce village, les femmes -toutes âgées - attendaient que la procession portant la statue de la Vierge passe devant leur maison pour l'arroser de poignées de grains de blé.

Toujours à Teana, j'ai assisté à la présentation de compositions votives à base de blé (très nombreuses dans le passé, une seule en 1986) à la Vierge, sainte patronne du village, dont la fête en 1987 fut célébrée le 9 août.

J'ai trouvé dans ce village[25] des traces très faibles et plutôt floues de cérémonials célébrant la fin de la moisson, mais je n'ai pas pu en savoir davantage.

Il reste toutefois un élément intéressant, qu'il vaut la peine d'approfondir, concernant un lien possible entre le jeu de la faucille ou mieux le cérémonial de la dernière gerbe, et les offrandes en blé, qui figurent partout où j'ai pu constater l'existence de cérémonials de la moisson, en Calabre et dans le Molise.

3 : Noepoli (1984, 1990).

Dans ce village situé sur la rive gauche du Sarmento et presque en face de San Giorgio Lucano, en aval par rapport à San Paolo Albanese, j'ai pu récolter plusieurs informations concernant la chasse au bouc de la dernière gerbe.

Cette recherche a été particulièrement fructueuse grâce aussi à la collaboration de Salvatore Santo, qui m'a présenté à certains hommes âgés qui dans ce village plus qu'ailleurs se sont montrés bien disposés à me raconter ce dont ils se souvenaient.

Là aussi, ce genre de cérémonial n'était plus pratiqué depuis la fin des années 1940. Plus tard, jusque vers le milieu des années 1950, il a été repris de temps en temps, mais sans suite.

Jusqu'à environ une dizaine d'années avant mon intervention, ou même plus, le jeu de la faucille a été représenté à l'occasion de la fête de la Vierge de Constantinople, sainte patronne locale fêtée le 8 août.

Afin que la représentation soit la plus réaliste possible, on laissait délibérément aux alentours du village un petit champ non moissonné[26]. Avant que la procession ne retourne à l'église, quelques vieux moissonneurs le fauchaient, en mettant en scène la pantomime de la dernière gerbe « devant la Madone ».

En effet, une fois arrivé à l'endroit où il était attendu par les moissonneurs, le tableau de la Vierge était tourné vers le champ. De chaque côté du tableau se plaçaient des femmes portant sur leur tête une grande composition à forme cubique et arrondie, confectionnée avec des épis de blé. Dans la procession, ces femmes, accompagnées d'amies et de parentes qui les aidaient dans leur tâche, précédaient l'effigie de la Vierge.

Chaque *gregna*, appelée aussi *cinto*, était ornée de festons de papier coloré et de décorations utilisées pour la crèche et l'arbre de Noël.

Tout le village, y compris le curé, assistait à la représentation mise en scène en raison de la dévotion particulière qu'avaient alors les moissonneurs de Noepoli pour cette Madone. A la fin, les femmes portant toujours les *gregne* sur la tête exécutaient au son de la cornemuse, du bandonéon et du tambourin, une série de tarentelles, en se passant mutuellement leur fardeau, chacune s'efforçant de battre les autres en agilité, donnant à penser que ce poids était insignifiant.

Au cours d'un autre séjour, en 1990, je n'ai assisté qu'à la danse de la *gregna*, exécutée à l'endroit où la procession s'arrêtait autrefois pour assister à la coupe de la dernière gerbe. De retour à l'église, la *gregna* est démantelée. L'équivalent en argent du blé qu'elle contient est offert à l'église, tandis que les épis, sacralisés par leur rapport avec la Vierge, sont conservés par les fidèles pour être mélangés avec les grains destinés aux semailles.

La représentation du jeu de la faucille qui comprenait aussi, d'après ce que l'on m'a décrit, la pantomime de la chasse au bouc de la dernière gerbe, n'a plus été exécutée car les survivants, ceux qui savaient « jouer » de la faucille, étaient soit morts soit hors d'état de pouvoir le faire. Mais il est vrai aussi que dans le champ que Salvatore Sano m'avait montré inculte trois ans auparavant s'élevait désormais un immeuble.

J'ai pu cependant recueillir dans ce village des témoignages de personnes ayant entre 75 et 90 ans[27], informations et descriptions qui se sont révélées comme les plus intéressantes parmi celles que j'ai récoltées en Basilicate. Parmi elles figure la description d'une femme,

Maria Giuseppa Scutari, âgée de quatre-vingt-quatre ans, qui m'a raconté comment le cérémonial se déroulait au temps où son grand-père allait moissonner.

Toutes les descriptions coïncident dans leurs grandes lignes et dans le déroulement d'ensemble du cérémonial avec celui de San Giorgio Lucano. Mais elles présentent aussi des divergences aussi bien avec San Giorgio qu'entre elles.

Les différences entre les différentes versions de Noepoli dépendent des époques auxquelles elles se rapportent et des lieux où les moissonneurs ont vu ou réalisé la chasse. Il s'agit de variantes déterminées par la présence ou l'absence de femmes faisant fonction de « lieuses ». Les femmes n'étaient présentes que dans les champs autour de Noepoli, surtout pendant les deux guerres, où elles ont dû souvent assurer elles-mêmes la récolte à la suite de l'absence des hommes. Mais dans les équipes du « Leccese », comme dans celles qui provenaient de villages éloignés et qui se regroupaient dans les champs des vallées ou des plaines littorales, les femmes étaient absentes, sauf autour des fermes, et c'étaient les hommes qui se chargeaient de lier les gerbes.

A Noepoli, seuls les individus âgés de plus de soixante ans connaissaient le sujet de ma recherche. Les plus jeunes et les hommes de moins de cinquante ans ne connaissaient que ce qui s'était fait dans un passé très récent dans le champ proche du village à l'occasion de la fête de la Madone, mais qu'ils n'étaient pas en mesure de décrire.

Autrefois dans les champs de Noepoli on employait aussi comme lieurs des enfants et adolescents ayant entre 10 et 13 ans.

Je rapporterai en premier le témoignage de Maria G. Scutari, qui coïncide parfaitement avec ce que m'ont raconté trois autres vieux moissonneurs, Michele Tommaso, Vincenzo Libonati et Donato Cafaro. Tous trois, comme Maria G. Scutari, se sont référés explicitement à l'époque de leurs grands-parents. On remonte donc à la deuxième moitié du 19e siècle. Les trois hommes ont souligné les différences entre les temps « anciens » et ceux où eux-mêmes avaient travaillé comme moissonneurs, entre les années 1920-1930 et les années 1950.

Voici la description qui résulte de leurs quatre témoignages :

Lorsqu'ils arrivaient à la fin de la moisson dans un champ, les moissonneurs s'emparaient tout à coup d'un des lieurs. Parmi ces derniers, il y avait de jeunes garçons entre neuf et treize ans. Habituellement ils prenaient le plus petit, qui ne se rendait pas encore compte de ce qui se passait. Ils le déshabillaient complètement ; ils fixaient sur sa tête une couronne d'épis tressés portant de chaque côté deux cornes faites elles aussi d'épis. Ils lui faisaient serrer dans la bouche les tiges d'une touffe d'épis. C'était le bouc.

Au début, l'enfant pleurait « comme un chevreau », et il cherchait à s'échapper en donnant des coups de pied et des coups de poing, m'a raconté avec amusement Michele Tommaso, même si lui-même n'a jamais vu d'enfant jouer le rôle du bouc.

Si l'enfant-bouc était trop récalcitrant, les moissonneurs le menaçaient de le châtrer en lui montrant leurs faucilles ; et ils le feraient aussi s'il ne gardait pas la couronne sur sa tête et les épis à la bouche.

Dans la version de Maria G. Scutari, on attachait une *vandera* sur le dos et une autre sur la poitrine de l'enfant nu. C'est ainsi qu'entièrement nu, ou bien couvert des deux *vandere*, l'enfant était porté jusqu'au *jiermit* au milieu des blés non encore moissonnés.

Les moissonneurs, de quinze à trente si le champ était très grand, se disposaient en cercle et avançaient vers le centre. L'enfant se cachait dans les *stradelle*, bandes de terrain déjà moissonnées servant à subdiviser les portions de terrain qui revenaient à chaque équipe. Ou bien il essayait de s'échapper en restant plié en deux. Mais, comme il était nu, et que les épis pouvaient le blesser, ou encore parce qu'il était gêné par les peaux de chèvre, l'enfant avait du mal à se déplacer. Au fur et à mesure que les moissonneurs avançaient, il était obligé de rester au milieu.

Lorsque le blé était désormais presque entièrement coupé et que l'enfant était vu de tous, les moissonneurs agitaient leurs faucilles contre lui en criant : « Voilà le bouc, on l'a trouvé, tue-le, tue-le! Tire! ».

Si le patron était présent, souvent il portait un fusil et alors un coup tiré en l'air achevait la chasse. Autrement, c'étaient les moissonneurs eux-mêmes qui imitaient le bruit du coup de fusil.

« A ce moment-là, raconte Maria G. Scutari, mon grand-père qui avait été pris comme bouc la première fois qu'il était aller « lier » s'est pissé dessus de peur ; c'est ce qu'il nous racontait ».

Dans la description de Maria G. Scutari, la représentation continuait. Dès qu'il était capturé et tué, le bouc était écorché : l'un des moissonneurs faisait semblant de faire une entaille à la cheville pour enfiler un petit tuyau sous la peau (un fourreau protège-doigt qui appartenait au moissonneur lui-même) et d'y souffler. Puis quand ils avaient fait semblant d'avoir bien gonflé, on frappait sur le ventre du bouc avec une cravache, comme on fait sur les animaux avant de les écorcher.

Puis les peaux du bouc écorché étaient accrochées et enroulées autour du *jiermit* dans lequel l'animal avait été trouvé et tué. La gerbe était alors portée à la ferme par les moissonneurs. Pendant le parcours, certains jouaient à la faucille autour de la gerbe. Arrivés à la ferme, les moissonneurs remettaient la gerbe au patron et tous recevaient du vin à volonté.

Dans les versions du nonagénaire Donato Cafaro et de Michele Tommaso, âgé de 75 ans (qui rapporte ce qui se passait à l'époque de son père), on nous dit que c'était carrément le lieur, un enfant, ou encore le plus nigaud de tous, qui était ficelé entièrement nu dans la gerbe et porté jusqu'à la ferme. Michele Tommaso raconte lui aussi que le lieur obligé de jouer le rôle du bouc pouvait « se pisser dessus » de peur.

A une époque plus proche de la nôtre, entre les deux guerres, le bouc était incarné par un des plus jeunes moissonneurs. Celui-ci ôtait seulement sa chemise, parce que, comme l'explique Vincenzo Libonati, âgé de quatre-vingts ans, il y avait aussi des femmes qui travaillaient comme lieuses. Le jeune homme mettait sa *vandera* sur les épaules et tenait par leur manche deux faucilles, une sur chaque tempe, pour imiter les cornes. Dans sa bouche il plaçait quelques épis pour imiter les moustaches de l'animal.

D'après la description de Francesco Fasanelli, âgé de soixante-quinze ans, les cornes étaient faites d'épis de blé tressés et fixés sur la tête par une tresse de fils de chaume.

Le jeune homme-bouc, bêlant sans arrêt comme un vrai bouc, passait dans toutes les *stradelle*, allant et venant sans jamais s'arrêter et toujours plié en deux de façon à faire pointer les cornes au-dessus des épis. Puis il allait s'accroupir au milieu du champ où il agitait les épis et faisait semblant de manger.

Entre-temps, le cercle des moissonneurs se resserrait. Dès que quelqu'un voyait le bouc en entier, il lançait les cris dont il a déjà été question, suivi par tous les autres. A ce moment-là, tous fauchaient plus vite.

Tout s'arrêtait avec un coup de fusil, réel ou imité. Le bouc s'écroulait à terre, mort. Alors les moissonneurs criaient : « Le bouc est mort, elle est morte la male bête. On l'a tuée ».

La chasse pouvait aussi se dérouler d'une autre façon, selon Vincenzo Callicchio, âgé de 71 ans, qui se rapportait à une époque beaucoup plus récente, c'est-à-dire à l'après-guerre. On comptait alors trois acteurs principaux, le jeune homme qui jouait le rôle du bouc, un moissonneur qui « gardait » le blé et un chasseur.

Lorsque la moisson du dernier champ était déjà à un stade avancé, l'un des moissonneurs – c'était presque toujours le responsable d'un andain – commençait à crier : « Où est-il ? Où est-il ? Attrape-le, tue-le ! » Un autre lui répondait : « Il est là-bas, là. Attrape-le ! Tue-le ! »

A un moment donné, lorsqu'il ne restait vraiment plus beaucoup de blé à couper, le plus jeune faisait pivoter sa *vandera* sur le dos, et de deux épis de blé qu'il attachait à sa tête il se faisait des cornes, puis il se mettait à courir à quatre pattes dans les blés qui restaient. Un deuxième moissonneur faisait le chasseur armé d'un fusil. Callicchio précise qu' « au début c'était un vrai fusil, puis on le faisait avec un bâton, ou même une fourche ». Le chasseur poursuivait le bouc dans tous ses va-et-vient, en criant après lui : « sauve-toi, que je te tue, sauve-toi, que je te tire dessus ». Le troisième moissonneur allait se placer au milieu des blés encore debout, il en coupait quelques brassées, de quoi faire une gerbe. Il la dressait et se plaçait à côté pour la garder.

Les autres moissonneurs, toujours en criant, se rapprochaient et resserraient le cercle. Le bouc continuait à tourner, jusqu'à ce qu'il arrive à la gerbe et fasse semblant de vouloir la manger en mettant quelques épis entre ses dents. Le moissonneur de garde maniait sa faucille dans le vide autour de la gerbe pour ne pas le faire approcher. Il criait : « Le voilà, le voilà. Il est là, il est là. Tue-le, tue-le ». Le chasseur arrivait et le tuait.

Après cette pantomime, les moissonneurs portaient tous ensemble la gerbe au propriétaire, qui leur offrait à boire.

D'après les descriptions pratiquement identiques de deux informateurs, j'ai pu reconstituer la façon dont se déroulait le jeu de la faucille à Noepoli. Vincenzo Callicchio et Vincenzo Libonati m'en ont raconté chacun deux versions différentes, l'une se rapportant aux années où eux-mêmes travaillaient, l'autre à l'époque de leurs parents et grands-parents.

Madame Scutari ne m'avait pas parlé de cette dernière action, liée au dernier champ à moissonner, même si elle savait qu'elle était pratiquée et si elle en avait mauvaise opinion, ayant déclaré qu'elle était dangereuse, car les moissonneurs qui la pratiquaient n'étaient pas « de braves gens ».

Toutes les personnes âgées interrogées étaient du même avis, même si seuls les deux hommes que je viens de nommer m'en ont parlé. Eux aussi ont précisé que ce n'était pas un jeu recommandable, et qu'il ne se pratiquait jamais qu'entre amis (« entre nous »), c'est-à-dire entre les moissonneurs de Noepoli. On m'a également raconté que ce jeu était pratiqué un peu partout dans le secteur et qu'il variait selon les équipes et les compagnies de moissonneurs.

L'une des versions que m'ont fourni ces deux informateurs m'a été indiquée comme la plus récente, du moins pour Noepoli, et les deux hommes y avaient participé dans leur jeunesse. Tous deux ont insisté sur le fait que les deux joueurs, qui étaient des amis, « se serraient dans les bras et s'embrassaient » à la fin du jeu, sans rancune. Cette version est absolument identique à celle relevée à Colobraro et décrite ci-dessous dans le détail.

L'autre version, que l'on m'a signalée comme plus ancienne, est plus étroitement liée à la dernière gerbe. C'était là aussi une cérémonie qui décidait de la façon dont elle serait coupée et qui se rattache, dans l'une de ses variantes, à la chasse au bouc sous sa forme la plus ancienne à Noepoli.

Toujours d'après mes deux informateurs, cette forme du jeu de la faucille, compétition entre deux moissonneurs, n'était pas pratiquée exactement à la fin de la moisson, mais à la fin de la moisson d'un champ qui exigeait plus d'une journée de travail.

Voici donc les deux variantes que m'ont fourni mes informateurs :

Lorsqu'il ne restait qu'une toute petite partie du blé à faucher, un des moissonneurs lançait un défi, en frappant un de ses compagnons d'une touffe d'épis ou en lui ôtant son couvre-chef. Si le défi n'était pas interrompu par le chef de l'andain, alors un autre moissonneur, ou le chef de l'andain lui-même s'emparait de force du plus jeune des lieurs, qui était presque toujours un enfant ou un adolescent, et le plaçait au milieu du champ non moissonné. Là, il coupait la quantité nécessaire à faire une gerbe qui puisse tenir debout. A ce moment-là les deux joueurs côte à côte moissonnaient rapidement le blé en avançant en cercle. Celui qui arrivait à couper la dernière brassée en la soufflant à l'autre, devait soulever de sa faucille la petite gerbe posée au centre sans la défaire. La tâche lui était rendue difficile par son rival qui cherchait à la lui soustraire de sa faucille, tandis que de la touffe d'épis qu'il tenait dans la main gauche il essayait de le frapper au visage. Et c'est pendant cette phase que les deux moissonneurs, mais aussi le malheureux lieur, pouvaient se blesser.

Pendant tout le temps de l'action, le lieur ne devait ni bouger ni être touché par les deux adversaires.

Dans la variante, au lieu d'un lieur on trouvait une lieuse. Celle-ci prenait une gerbe, la liait éventuellement de son foulard, et la mettait au-milieu du champ en se plaçant à ses côtés. Après avoir « joué la gerbe » en la soulevant de sa faucille, le vainqueur pouvait alors embrasser la lieuse. Mais d'après Callicchio, « ils faisaient seulement semblant ».

Dans les deux variantes, le perdant devait s'humilier à ramasser et à lier en gerbes tout le blé coupé au cours du défi et resté par terre. Le vainqueur avait non seulement démontré son adresse mais il pouvait aussi demander du vin au fermier ou au patron et en dispenser à son bon plaisir.

Lorsque le propriétaire ou le fermier se trouvait dans le champ, alors « on jouait le patron », ont rappelé Callicchio et Libonati. Mais cela se passait lorsque tout le travail était fini. Dans ce cas, c'est lui qu'on plaçait près de la gerbe attachée par un foulard. Après le jeu, le patron et la gerbe étaient ramenés à la ferme où le gagnant et le perdant commençaient à le déshabiller de la pointe de leur faucille, jusqu'à ce qu'ils fassent amener du vin.

Dans les documents recueillis à Noepoli figurent quelques éléments très intéressants et en outre inédits jusqu'à ce jour, du moins en ce qui concerne les témoignages sur les cérémonials de la moisson connus en Basilicate et dont a parlé en premier Ernesto De Martino, puis il y a quelques années Giuseppe Colitti[28].

Je relèverai ici l'une des données les plus significatives, et qui constitue une nouveauté et une particularité qui n'a jamais été relevée dans le reste de la région.

Je me rapporte à la présence d'enfants ou d'adolescents utilisés pour lier les gerbes et qui sont directement impliqués dans la représentation de la chasse au bouc de la dernière gerbe ou encore, marginalement, comme dans la dernière description, dans le jeu de la faucille.

Cette présence des enfants se retrouve dans des actions du même genre exécutées autrefois en Italie du Nord, et décrites par Alberto Vecchi (voir plus haut)[29]. Des actions du même ordre sont également documentées en France, où toutefois la présence de garçons ou de fillettes est attestée dans des actions cérémonielles différentes. C'est le cas, par exemple, en Alsace, où ce type de cérémonial relève de façon évidente d'un processus de christianisation, du moins en ce qui concerne la forme et le vocabulaire qui les accompagne. Un cas de ce genre est enregistré dans le Haut-Rhin, où la coupe de la dernière gerbe est confiée à une petite fille. Tandis que dans le canton de Dannemarie, toujours en Alsace[30], elle l'était à un enfant de dix ou douze ans vers la fin du siècle dernier.

L'on trouve également la présence d'un enfant, et une variante du jeu de la faucille, où convergent également des éléments qui relèvent du défi de la dernière gerbe, dans une localité de la région de Nice[31].

Un autre élément intéressant, et qui ne figure pas dans les autres descriptions, concerne la présence de ce qui devrait être la dernière gerbe dans le jeu de la faucille tel qu'il m'a été décrit à Noepoli. Que la gerbe que le vainqueur devait soulever de sa faucille, bien que préparée avant la conclusion définitive de la moisson, fût la dernière gerbe, est confirmé par le fait qu'elle était gardée par un très jeune lieur ou par une lieuse qui était tenu(e) de rester à côté d'elle.

Frazer signale une forme de compétition de même ordre dans les campagnes du Finistère pour la conquête de la brassée d'épis symbolisant la dernière gerbe, en la tirant lui-même de Mannhardt. A Noepoli, il marquait sa conquête en soulevant la gerbe au-dessus du sol.

Dans cet exemple, le vainqueur criait qu'il avait capturé le loup.

(Traduit de l'italien par Odile Martinez)

Notes :

[1] E. De Martino, *Il gioco della falce. Ogni estate la passione del grano*, "L'Espresso Mese", août 1960, p.46 et sv.; idem, *Furore simbolo valore*, Milan, Il Saggiatore, 1962. Je cite d'après la réédition de Milan, Feltrinelli, 1980. Le documentaire de Nino Dal Frà, *Passione del grano*, c., 12', Vette Film, texte d'E. De Martino, date lui aussi de 1960

[2] Lorsqu'il demande comment sont transmises et apprises les techniques et les modalités du chant funèbre, un informateur de San Giorgio Lucano

lui répond que « pendant la moisson il y a toujours un moissonneur qui entonne – toujours par jeu – une lamentation funèbre, ou bien qui pleure carrément la mort d'un autre moissonneur qui travaille dans le champ ». E.De Martino, *Morte e pianto rituale. Dal lamento funebre antico al lamento di Maria*, Torino, Boringhieri, 1975, p.250 (1ère éd. 1958)

[3] C'est également l'avis de Clara Gallini, *Il documentario etnografico "demartiniano"*, "La Ricerca Folklorica", 3, 1981, p.26.

[4] F.Quilici, *Magia*, Milan, Curcio, 1977, p.265-266. Le livre recueille images et textes tirés de la série de documents réunis sous le titre de *L'alba dell'uomo.*

[5] E. De Martino, *Furore simbolo valore*, cit., p.213-214.

[6] Idem, p.216-217.

[7] Ibidem.

[8] Une première communication sur les résultats partiels de cette recherche a été présentée au 1e Colloque National d'Anthropologie culturelle des Sociétés complexes, Rome, 23-27 mai 1987.

[9] Je m'occuperai dans un autre moment des cérémonials concernant le début de la moisson, plus explicitement assimilés, même au niveau du lexique, à des pratiques de dévotion chrétiennes de type mythologique et rituel.

[10] Je suis retourné plusieurs fois dans cette bourgade de la vallée du Sarmento, à part celles que j'évoque ici, pour d'autres recherches, dont l'une portait sur les rituels du Carnaval. Domenico Notarangelo a collaboré à l'enquête de 1975.

[11] J'ai présenté certains résultats de cette recherche en 1986: V. Spera, *Appunti e campionature del selvatico in Basilicata*, in *L'uomo selvatico in Italia*, Rome. Musée National des Arts et Traditions Populaires, Catalogue de l'exposition, octobre-novembre 1986, p.154-156.

[12] Textes et photographies publiés par la suite dans: F.Quilici, C.Pinelli, *L'alba dell'uomo*, Bari, De Donato, 1974.

[13] Idem, notes 28-29, p.166.

[14] Par recoupement avec les photographies prises par Franco Pinna, j'ai constaté que les vieux moissonneurs que j'ai rencontrés à San Giorgio Lucano en 1975 étaient ceux-là mêmes qui avaient été photographiés à l'époque de la recherche de De Martino dans le village, tandis que quelqu'un les associe à une éventuelle représentation du même type qui aurait été reconstituée dans la région de San Giovanni in Fiore, en Calabre. Un autre élément qui permet de reconnaître les photos de Pinna comme se rapportant au village de San Giorgio est qu'on y voit une cornemuse ayant des tuyaux très longs, touchant presque le sol, ce qui est typique de la Basilicate, tandis que celles des régions calabraises ont des tuyaux nettement plus courts.

[15] Elle mesurait plus d'un mètre et demi de hauteur pour environ un mètre de largeur.

[16] Pour l'instant, je rappelle, entre autres, A.Van Gennep, *op.cit.*, en particulier p.2277-2339.

[17] F. Cirelli, *Atri*, in: *Il Regno delle due Sicilie descritto ed illustrato*, vol. XVII, Abbruzzo Ulteriore, Fasc. I, 1853, p.29. Cf. aussi, pour le Molise, A.Valiante, *op.cit.*. Des compositions analogues à l'origine, mais devenues monumentales à la fin du siècle dernier sont également relevables en Irpinie, dans certaines localités du département d'Avellino.

[18] Je l'avais appris par Rosario Castronuovo, collaborateur qui m'avait déjà été d'un grand secours dans ma recherche sur les représentations de Carnaval encore pratiquées dans les villages de la région.

[19] Les femmes qui me l'ont racontée se sont obstinément refusées à me donner leur nom, en se justifiant par le fait que cette « histoire » de la Vierge ne leur appartenait pas, mais qu'elle était à tout le monde, et que donc elles-mêmes n'y étaient pour rien: tous la connaissaient et tous pouvaient la raconter.

[20] L'existence de compositions votives à base d'épis de blé offertes à l'occasion de la fête de la Vierge des neiges est attestée dans certaines localités des Abruzzes: G.Pansa, *Miti, leggende e superstizioni dell'Abruzzo*, Bologne, Forni (réimp. anast. de l'édition de 1924), 1981, p.109-111; A. De Nino, *Usi e costumi abruzzesi*, vol. I, Florence, 1881, p.123 et sv.

[21] La chapelle était fermée parce qu'elle avait été endommagée par le tremblement de terre de 1981.

[22] En Calabre, cet usage encore actuel a été confirmé par Ottavio Cavalcanti, également spécialiste en histoire de l'alimentation traditionnelle méridionale: *Il materiale, il corporeo, il simbolico. Cultura alimentare ed Eros nel Sud*, Roma-Reggio Calabria, Cangemi-Casa del Libro, 1984, p. 40; Idem, *Di cibo e dintorni*, Cassano Jonio, Istituto di Ricerca e di Studi di Demologia e di Dialettologia, 1995, pp. 19-21, et bibl.

[23] Selon un usage alimentaire attesté même à des époques très reculées. Rappelons par exemple le *glirarium*, dont parle Varron dans son *Res rustica*, 3, 5: il s'agissait d'un récipient dans lequel on mettait ces animaux à engraisser. On en a retrouvé certains exemplaires dans les fouilles de Pompéi. Sur l'élevage des loirs à des fins alimentaires, particulièrement apprécié des gourmets de la Rome antique, cf. aussi A.E.Brehm, *La vita degli animali*, vol.II, *Mammiferi*, Turin, Unione Tipografica Editrice, 1894 (2ème éd.), p.518.

[24] M. Gimbutas, *Il linguaggio della dea*, (trad. italienne), Vicenza, Neri Pozza, 1997 (1990), (1989), p.146-147.

[25] Grâce à des indications fournies par Rosario Castronuovo.
[26] A ce sujet, Salvatore Santo rapporte que ce petit champ était semé de blé justement en vue de la fête.
[27] Voici les noms des informateurs: Michele Tommaso, 75 ans; Donato Cafaro, 90 ans; Vincenzo Callicchio, 72 ans; Francesco Fasanelli, 76 ans; Vincenzo Libonati, 80 ans.
[28] Je renvoie à une autre occasion et à un autre lieu l'analyse anthropologique et l'interprétation du matériel présenté ici, ainsi que la comparaison entre les données concernant la Basilicate et celles se rapportant à d'autres régions, présentées dans la première partie de cette récolte de documents. Je me rapporterai en particulier au reste de l'Europe, en utilisant prioritairement la documentation publiée par A.Van Gennep, mais en me rapportant aussi aux travaux de Frazer, Mannhardt, Propp et à tout ce que je pourrai trouver à ce sujet.
[29] A. Vecchi, *Religiosità Culto Folklore*, Padova, Edizioni Messaggero di S. Antonio, p.446-47.
[30] Cf. A. Van Gennep, *Manuel de folklore français contemporain*, cit., p.2261 et 2262.
[31] Idem, p.2256.

Des fêtes du blé à la pesée des bébés en Espagne

Ana Maria RIVAS RIVAS
Univ. Complutense, Madrid

Résumé : Dans cet article sont observées les utilisations qui sont faites du blé lors des fêtes de Saint Roch et de la Vierge, le fonctionnement des confréries, la fabrication de pains en forme de couronnes, les danses et les processions qui utilisent ces couronnes. L'attention se porte ensuite sur un rite aragonais spécifique, qui consiste à peser les nouveaux-nés et à payer leur poids en blé nouveau. Le blé vendu aux enchères sert à assumer une partie des frais de la fête. Ainsi, le blé nouveau s'inscrit dans un espace à la fois agricole et social, et représente à la fois l'abondance alimentaire et l'assurance d'une force de travail à venir. Malgré les changements induits par la modernité, on constate que le blé et ses produits dérivés gardent à travers ce rite une signification de symboles de l'identité villageoise et d'éléments clefs pour la subsistance du groupe.

Dans une grande partie de l'Espagne, surtout dans le centre et le nord-est, le blé est la culture principale de l'économie paysanne. L'ensemencement et la moisson structurent l'ensemble des activités sociales et festives des villages. Le calendrier agricole commence au mois d'octobre avec les travaux des semailles et finit au mois d'août avec la récolte. Le mois d'août est l'époque privilégiée pour marquer la clôture des moissons avec des fêtes patronales, pèlerinages, *romerías*, danses, réjouissances, foires et autrefois la célébration des mariages. C'est aussi l'un des moments culminants du drame agraire, toujours dépendant des conditions climatiques et d'un équilibre bienfaiteur entre la pluie et la sécheresse. Les fêtes patronales sont l'occasion d'exprimer des remerciements aux saints si la moisson a été abondante et de prier pour l'année suivante si elle a été mauvaise.

Les deux fêtes principales du mois d'août sont en l'honneur de la Vierge de l'Assomption et de Saint Roch, les 15 et 16 août. Il s'agit de fêtes organisées par des confréries qui profitent de la fête pour le recrutement de nouveaux membres et pour le renouvellement du comité directeur, composé généralement d'un président, qui représente la confrérie à tous les actes publics religieux et civils, d'un vice-président, d'un trésorier et d'un secrétaire. Pour entrer dans la confrérie il faut être né dans le village ou bien avoir des parents qui y sont nés, avoir plus de 18 ans et payer la cotisation exigée. Les obligations des confrères sont toujours les mêmes : assister aux cultes organisés par la confrérie, payer ses cotisations, accepter de faire partie du comité directeur quand arrive son tour, s'occuper des champs et du bétail de la confrérie, porter la bannière et le piédestal du saint ou de la Vierge Marie... Ces obligations sont compensées par certains privilèges comme : jouir des indulgences et bénéfices spirituels concédés à la confrérie ; bénéficier de l'assistance spirituelle ou matérielle de la part des autres confrères en cas de nécessité, de maladie ou de mort, ce qui autrefois était une espèce d'assurance et qui aujourd'hui est plus un souvenir qu'une réalité.

Dans ces fêtes, le blé joue un rôle important. D'abord, presque toutes les processions qui se déroulent dans les principales rues du village finissent dans la campagne environnante où le prêtre de la paroisse bénit les champs aux quatre points cardinaux avec de l'eau du Samedi Saint et une image religieuse.

Il y a plusieurs rites autour du blé dans la plupart de ces fêtes : la bénédiction du premier pain fait de la nouvelle farine, la vente aux enchères de couronnes de pain offertes au saint, la danse de la brioche en forme de couronne qui porte une image religieuse, mais aussi un rite singulier qui a lieu dans quelques villages et qui consiste à peser dans une balance les nouveaux-nés et à donner leur poids en blé de la nouvelle moisson.

Le pain bénit était dans le passé fait avec de la nouvelle farine, mais maintenant il est fait avec de la farine qu'on achète dans les supermarchés, et même quelquefois il est remplacé par des gâteaux. Il est fait par les femmes au foyer qui le portent à l'église pour sa bénédiction pendant la messe du saint patron. Ce pain est mangé par la famille pendant le repas festif et distribué au bétail pour le protéger et le bénir. Les morceaux non consommés sont gardés comme remède en cas de maladie et pour être donnés à manger aux membres absents de la famille. Quand il y a des familles qui n'ont pas assisté à la messe parce qu'elles veillaient un malade ou qu'elles étaient en deuil, ce sont les voisins qui leur portent des morceaux de leur pain bénit. De même, quand il n'y avait pas de système de sécurité sociale ni d'assistance publique, des morceaux étaient distribués aux veuves et aux pauvres de la communauté.

La confrérie est aussi chargée de faire du pain pour le distribuer après la messe à toute la communauté, qui est conviée à manger du pain bénit aspergé avec du bon vin. D'ailleurs, des morceaux sont destinés aux autorités religieuses et civiles, qui généralement participent à la grand-messe du saint patron.

Avec la nouvelle farine autrefois, et avec de la farine industrielle aujourd'hui, on fabrique de grandes couronnes de pain offertes au saint patron ou à la Vierge Marie, qui sont pendues à l'image religieuse, à la bannière et au piédestal où est portée la statue sacrée. Ces couronnes sont fabriquées par des familles qui demandent des faveurs au saint et qui expriment leurs remerciements avec ces dons lorsqu'elles sont exaucées. La confrérie fabrique aussi une grande couronne en l'honneur du saint patron. A la fin de la procession et avant de garder l'image religieuse jusqu'à l'année prochaine, les couronnes sont vendues aux enchères sur la place de l'église. Le directeur de la vente est le président de la confrérie et l'argent réuni est destiné aux frais de la fête. Dans quelques villages les adjudicataires doivent danser en l'honneur du saint avec la couronne achetée.

Il y a aussi des villages où existe une danse appelée « *el dance del roscón* », la danse de la couronne, qui est dansée par des jeunes gens habillés du costume régional. Cette danse est réalisée le matin de la fête : les danseurs et les musiciens vont chez le président de la confrérie chercher la couronne pour l'accompagner à l'église ; après avoir bu du vin doux et mangé des gâteaux secs offerts par la maîtresse de la maison, la couronne est portée sur une espèce de planche par quatre confrères jusqu'à l'église et suivie par le public qui est allé chez le président pour participer au repas et voir la danse.

La couronne portée par les confrères ouvre cette espèce de procession profane suivie par les danseurs, les musiciens, le comité directeur de la confrérie, le reste des confrères, et le public en général. Les jeunes gens et les porteurs de la couronne dansent pendant tout le parcours de la procession jusqu'à l'église où la couronne est pendue à l'image religieuse, avec d'autres couronnes apportées par les villageois. Après la grand-messe a lieu la procession officielle, cette fois avec l'image du saint patron et le prêtre accompagnés par les jeunes gens qui dansent pendant le parcours avec des épées et des bâtons.

Ce type de rituel est très commun dans un grand nombre de villages espagnols, mais il existe un autre type moins répandu, que j'ai étudié dans un petit village d'Aragon, et qui consiste à peser les nouveaux-nés le jour du patron local et à payer leur poids en blé de la nouvelle moisson.

Ce rituel est célébré le deuxième jour des fêtes patronales de Saint Michel, connu comme « le petit Saint Michel ». Ce jour-là après la messe, tous les nouveaux-nés sont pesés dans une balance romaine : dans un plateau on met l'enfant et dans l'autre le blé jusqu'à atteindre le poids de l'enfant.

La tradition est de peser seulement les enfants nés dans la communauté ou bien dont les parents sont des enfants du village qui ont émigré pour des raisons économiques. Mais on peut aussi peser les enfants d'étrangers qui ont des rapports avec le village, par exemple les enfants du médecin, de l'instituteur ou du secrétaire de la mairie. Mais quand c'est le cas, la tradition ordonne aussi d'être un peu plus généreux et de donner plus de blé que pour les enfants des villageois.

Il existe une légende qui explique la raison de ce rituel. On raconte qu'au 17e siècle, il y avait dans le village un jeune ménage, marié depuis sept années, qui n'avait pas de descendance et qui était très dévot de Saint Michel. Une année, ils avaient promis au saint que s'ils réussissaient à avoir un enfant ils lui donneraient son poids en blé. Finalement ils eurent un enfant, qui fut pesé dans une balance romaine indiquant le poids extraordinaire de huit kilos que les parents, malgré leur pauvreté, remirent au prêtre pour le culte du saint. Pour convertir le blé en argent, on décida de le vendre aux enchères. Le blé fut gardé dans l'église et la clé pendue à la porte. Chaque fois qu'un paysan poussait l'enchère il faisait un pas vers la clé, et celui qui fut le premier à prendre la clé eut le droit d'acheter le blé.

Aujourd'hui, pour le rite de peser les enfants et de vendre le blé aux enchères, on fait de même que le raconte la légende. Pendant la vente, le blé est gardé dans l'église et la clé est pendue à la porte. La quantité signalée pour commencer la vente correspond au nombre de kilos de blé donnés par les parents multiplié par le prix du kilo de blé sur le marché. Ce n'est que quand quelqu'un réussit à toucher la clé qu'on peut entrer dans l'église pour prendre le blé. Le secrétaire de la mairie y est présent pour attester le résultat de la vente. Cet argent est utilisé pour payer les frais des fêtes patronales.

Comme les frais de la fête ont monté, la veille de Saint Michel, les plus jeunes de la communauté parcourent le village en demandant du blé pour ajouter à celui du poids des enfants et ainsi augmenter la quantité de blé pour la vente et réunir plus d'argent.

Personne n'oublie de peser les enfants. Le délai pour cette pesée est d'une année, parce qu'après ils sont trop grands. Le fait de peser les enfants est interprété comme un rituel de protection et bénédiction qui doit être accompli malgré les circonstances familiales, même si la famille est en deuil.

L'une de mes informatrices, une mère qui avait pesé son enfant, exprimait de cette façon l'importance de ce rite pour elle :

« Avoir un enfant et ne pas le peser, c'est comme si on manquait quelque chose, comme si quelque chose de mauvais pouvait advenir à l'enfant, c'est une tradition si forte qu'on ne l'oublie pas, même si on est en deuil ; moi, j'ai pesé mon fils quand la mère de mon mari venait de mourir, mais quand même je l'ai pesé... »

Le blé de la nouvelle moisson représente pour le village la ressource qui peut assurer la survie dans l'année suivante ; les nouveaux-nés représentent aussi la sécurité de continuité et de futur de la communauté, ceux qui prendront la relève de l'ancienne génération. Le cycle agricole est complété par le cycle social : s'il n'y a pas de blé, il n'y aura pas de quoi manger, mais s'il n'y a pas de jeunes, il n'y aura personne pour travailler les champs. Le saint patron est le médiateur idéal pour réussir à assurer ces deux désirs : avoir une bonne moisson et une abondante descendance, désirs symbolisés par l'enfant dans un plateau de la balance et le blé dans l'autre plateau.

Après les changements survenus dans l'économie paysanne, qui exigent des villageois qu'ils complètent leurs ressources avec d'autres emplois dans les services ou dans l'industrie, nous pouvons nous demander si la signification des symboles du rite reste la même. Bien sûr, l'importance économique du blé n'est pas la même aujourd'hui qu'autrefois, mais peut-être le fait de continuer le rite de peser les enfants et de donner leur poids en blé est-il devenu un symbole d'identité de ces villages presque oubliés par les autorités politiques et l'administration publique ? Un témoignage de cette nouvelle signification est le fait d'habiller les enfants qui vont être pesés en costume régional. Le signifiant reste et le signifié s'adapte aux nouvelles exigences liées aux changements qui ont touché fortement les communautés paysannes.

Le blé comme symbole d'identité de ces villages agricoles est présent partout dans les fêtes patronales. En plus des rites décrits ci-dessus, où le blé apparaît sous la forme de farine dans le pain, les couronnes, et de grains dans la balance de Saint Michel, le blé est aussi l'acteur principal dans la manière d'orner les maisons, le char du saint et l'autel de l'église.

De grands épis de blé ornent les fenêtres et les balcons des maisons à côté des drapeaux régionaux ; les épis couvrent le char et l'image religieuse menée dans la procession et des bouquets d'épis sont portés à l'église pour décorer l'autel.

Malgré la perte d'importance de la culture du blé dans les économies paysannes espagnoles, les rites et symboles décrits demeurent comme les dépositaires de la mémoire collective et de l'identité sociale de ces communautés agricoles qui sont saisies entre la tradition et la modernité.

Rites de moisson en Pologne et évolution économique

Bronislawa KOPCZYNSKA-JAWORSKA
Université de Lodz, Pologne

Résumé : Ce texte s'intéresse d'abord aux procédés magiques censés apporter l'abondance et aux proverbes liés à l'arrivée du printemps, puis à la récolte elle-même, et enfin aux coutumes spécifiques de la moisson et de la fin de la moisson. Au-delà des éléments généraux du folklore européen, rapportés ici à l'aide de l'exemple polonais, l'article montre comment les rituels agraires liés aux moissons ont été transformés d'abord par les organisations de la jeunesse paysanne entre les deux guerres mondiales, puis par les gouvernements socialistes après 1945.

Parmi les coutumes et rites agraires encore vivants en Pologne jusqu'à la deuxième guerre mondiale, on peut mettre au premier plan les coutumes liées aux plantes le plus souvent cultivées, à savoir :

- la culture des céréales les plus importantes (seigle et froment),
- la culture du lin, et d'une façon plus limitée, du chanvre,
- la culture des plantes potagères (le chou, avant tout),
- l'exploitation des prairies fournissant du fourrage au bétail.

1 : Les opérations magiques et les prophéties de la bonne récolte.

Au centre des intérêts d'un agriculteur étaient placés les problèmes de la bonne récolte, du bon produit de la terre.

Le cultivateur observait attentivement tous les signes climatiques qui lui permettaient d'estimer l'importance des récoltes pour l'année à venir. Dans un climat assez sévère, très importants étaient les symptômes annonçant le proche printemps, dont dépendait le commencement des travaux dans les champs.

Outre l'allongement de la journée, parmi les changements cycliques méritant d'être désirés, on comptait tous les signes de réchauffement. Les proverbes concernant les changements météorologiques parlaient du premier dégel, de l'apparition du sol sous la neige et de l'écoulement des glaces dans les rivières.

Des dates différentes signalaient ces phénomènes. La première était le 21 janvier – le jour de la Sainte Agnès - « *quand l'eau envahit le sentier* », et le jour de Saint Charles « *quand la terre se montre sous la neige* ». Les dernières étaient : le 12 avril – le jour de Saint Grégoire - et le 19 mars – le jour de Saint Joseph - « *quand les rivières s'en vont vers la mer* » et « *l'hiver descend avec l'eau* », enfin le 21 mars – le jour de Saint Benoît – « *quand le soleil touche pleinement le sol* ». Dans l'observation des changements, un rôle très important était joué par les proverbes concernant l'arrivée des oiseaux et l'apparition de l'herbe. Les premiers oiseaux, les hochequeues et les alouettes étaient attendus déjà le jour de Sainte Agnès et de Saint François (29 janvier), ce qui n'était pas en accord avec le rythme de la nature, plus sévère. Peut-être ce devancement était-il lié à l'influence du calendrier julien obligatoire dans le passé. On attendait l'arrivée des vanneaux à la Saint Casimir (4 mars), le verdissement des prairies, l'arrivée des cigognes et des hirondelles à la Saint

Joseph. Pareillement on s'intéressait à l'arrivée de l'hiver à laquelle on liait la nécessité de terminer tous les travaux champêtres. Ainsi à la Saint Michel (29 septembre) devaient être définitivement rentrées les céréales – « *Saint Michel poussait les meules du champ dans la grange* ». Le jour de Sainte Edwige (15 octobre) désignait le moment de mettre fin à la récolte des pommes de terre et des choux : *« Le jour de Sainte Edwige à qui mieux mieux avec le chou »* ; « *A la Sainte Edwige les champs de pommes de terre sont vides* ». (Lechowa, 1987 :105).

La période du printemps et de l'été, sur une moindre échelle que celle de la rencontre de l'automne et de l'hiver, disposait à l'observation de la nature du point de vue de l'exploitation de la terre. Cette division de l'année en deux parties, se dessinant schématiquement à la lumière des proverbes, était peut-être trace, comme le voyait Casimir Moszyński, de la tradition slave de distinguer dans l'année deux périodes : la période chaude embrassant le printemps et l'été, et celle froide comprenant l'automne et l'hiver (Moszyński, 1967 :143).

Les jours de saints patrons définis indiquaient les dates favorables au commencement ou à la fin des travaux agraires. Au début de ces travaux étaient associées les activités de la magie initiatique. Singulièrement importants étaient les travaux liés à la culture des céréales, qui dominait dans l'exploitation rurale. Le cycle printanier–estival commençait par les labours et les semailles auxquels étaient associées toute une série d'opérations magiques. Ainsi, en croyant à l'importance du début de l'année, dans certaines régions de la Pologne centrale, on commençait le labour symbolique (contre la situation météorologique) le jour de l'An, en labourant un arpent couvert antérieurement (en automne) avec des branches de pin pour que la terre ne gèle pas.

Le labour proprement dit, commençant considérablement plus tard, était accompagné d'une série de coutumes : on mettait sous la première bande de terre un morceau de pain, un œuf, on fourrait des croix faites en palmes consacrées, etc. Aux grains semés on ajoutait quelques grains récoltés l'année précédente. Le plus souvent c'étaient les grains consacrés le 15 août (fête de l'Assomption, en Pologne – le jour de la *Sainte Mère des Herbes*). Les semailles printanières étaient particulièrement importantes, parce qu'autrefois on semait plus de blé de mars que de blé d'hiver. Le blé de mars concentrait la plupart des opérations magiques.

« Les danses pour assurer l'abondance » du lin étaient exécutées par les femmes le dernier jour du Carnaval. Le lin poussait aussi haut que hauts étaient leurs sauts pendant la danse. Dans certaines régions de la Pologne, les hommes exécutaient des danses identiques pour provoquer l'abondance du chanvre.

Quand les plantes semées et plantées commençaient à pousser, et à la Saint Adalbert (23 avril) et à la Saint Georges (24 avril) atteignaient une telle hauteur qu'une caille pouvait s'y cacher, et quand aux mois de mai et de juin arrivait la période de la pleine végétation, commençait un temps dangereux pour les cultures. Elles étaient menacées par les gelées blanches du printemps, les intempéries, la sécheresse, ainsi que par les mauvaises herbes, les maladies, les animaux nuisibles, les grêles et les pluies. On pouvait agir efficacement contre quelques-unes de ces menaces ; quant aux autres, il fallait compter sur la protection des saints et sur la magie. Le souci pour la bonne récolte se traduisait alors par la coutume, existant comme survivance (elle était connue encore dans les années 1960 aux environs de Łowicz), de faire le tour des champs le deuxième jour de Pâques ou le jour de Saint Marc (25 avril). Les hommes portant la « bannière campagnarde » accomplissaient ce rite. Sur les bornes, on exécutait des opérations magiques accompagnées d'initiations plaisantes des jeunes hommes, garçons encore, et de ceux qui s'étaient mariés l'année précédente. Dans certaines régions, cette coutume avait un caractère religieux et les prêtres y participaient aussi (Lechowa, 1967).

2 : La récolte.

La fenaison était la première que rappelait le dicton « *Saint Jean (24 juin) fauche la prairie* ». La moisson avait lieu en principe entre le jour des Saints Pierre et Paul (29 juin) et l'Assomption (15 août). Pour la fenaison, travail très pénible et exclusivement masculin, il était coutumier dans la deuxième moitié du 19e siècle d'engager dans le groupe des faucheurs adultes un jeune faucheur qui participait au fauchage pour la première fois. Cette coutume, ainsi que tant d'autres coutumes d'initiation, consistait en la vérification de l'habileté du jeune homme, de sa ténacité et de son courage. On l'appelait « loup » [polonais : *wilk*] ou « béjeune » [polonais : *frycowe*]. L'essai se terminait par la sauterie offerte par le jeune homme nouvellement accepté par le groupe, ou organisée par le propriétaire de la ferme si la fenaison avait lieu dans un domaine. Quand on a commencé à utiliser la faux pour moissonner, cette initiation était pratiquée aussi pendant la récolte du blé.

La récolte du lin était exécutée, ainsi que son séchage, par les femmes formant un groupe de secours mutuel et travaillant collectivement. Seulement le jour de la Transfiguration de Jésus Christ (6 août), dit « *petite fête* », il était interdit d'exécuter jusqu'à midi un travail dur, y compris l'arrachage et le séchage du lin.

3 : La moisson.

Dans l'agriculture traditionnelle la moisson avait la plus grande importance. Tout un cycle de coutumes et de cérémonies lui était lié. Le commencement de la fenaison, action très pénible, apportait néanmoins aux hommes le soulagement que donne toujours l'achèvement de toute œuvre. Avant tout, le fauchage gardait certaines règles coutumières, dans lesquelles on peut deviner la singularité des travaux d'achèvement.

Le père de l'ethnographie polonaise, Oskar Kolberg, décrivait comme suit le commencement de la moisson au milieu du 19e siècle en Pologne orientale :

« En accédant à la moisson les femmes et les hommes s'habillent proprement. Les valets de ferme et les filles ornent leur tête de fleurs. En se rendant au travail et en rentrant, ils chantent [...], mais dans le champ aussi les chants accompagnent le travail [...] Les moissonneurs travaillent en avançant dans un ordre séparé, chacun sur son terrain. Selon la coutume, en arrivant au bout des derniers arpents, ils doivent laisser une poignée de céréales non coupées (de seigle ou de froment seulement). Ensuite ils mettent le blé en gerbes en usant de liens de paille. Avec les gerbes ils forment des meules. Ce travail terminé, ils reviennent à la poignée de céréales non coupées, l'entourent et chantent des chants appropriés, en arrachant autour toutes les mauvaises herbes, c'est-à-dire en « coupant la barbe ». Enfin une des femmes plus âgées réunit tous les épis. C'est alors que les jeunes filles passent autour un ruban et ornent de fleurs la poignée de céréales. Cela fait, les moissonneurs s'en vont en laissant la barbe dans les champs, livrée en pâture aux oiseaux et aux souris ; autrement les animaux en se vengeant attaqueraient les granges et y feraient des dégâts » (Kolberg, V. 33 :166).

Dans certaines régions de la Pologne, on coupait la dernière poignée et on mettait sous elle une pierre ou une croûte. Tout cela, on le posait sur la terre très minutieusement nettoyée et débarrassée des mauvaises herbes. Les garçons saisissaient alors la première faucheuse (dans d'autres régions la propriétaire du champ) et labouraient à l'entour les céréales laissées. Cette coutume était appelée « le labourage à l'entour de la caille ».

La « caille » restait dans le champ et les faucheurs prenaient une autre poignée de blé. Ils en faisaient un bouquet, dit « *równianka* » ou bien tressaient une couronne, l'ornaient de fleurs, de rubans et de fruits (pommes, noix) et la remettaient au propriétaire du champ. Celui-ci régalait les faucheurs.

La coutume de la remise solennelle de la couronne vers la fin de la moisson était appelée « fin de moisson » [polonais : *dożynki*], « couronne » [polonais : *wieniec*] ou « circulaire » [polonais : *okrężne*]. On la fêtait avec éclat surtout dans les grands domaines où l'on engageait pour la moisson beaucoup de travailleurs, sans compter les serviteurs permanents. Au 19e siècle, presque partout en Pologne, on coupait le blé avec des faucilles. C'était un travail de femme. Parfois on engageait pour la moisson les montagnards qui savaient faucher avec une faux. Après la moisson ils revenaient chez eux. A la montagne, la récolte de céréales (de l'avoine avant tout) commençait plus tard.

Comme le montre l'iconographie du 19e siècle, la couronne de la fête de la moisson a d'abord été petite et c'était la première faucheuse qui la portait sur la tête. Avec le temps sa dimension devint de plus en plus grande et des éléments différents l'ont ornée, faits en paille et en grains.

Outre les chants très populaires exécutés pendant la remise de la couronne – « *Nous portons la récolte dans la maison du seigneur...* » -, pendant la fête on chantait des chansons plaisantes spécialement composées, dans lesquelles on se plaignait des surveillants trop sévères pendant la moisson et de leur malhonnêteté. On faisait allusion à un paiement solide et à un régal abondant. On vantait la beauté de la femme du propriétaire et on souhaitait bonheur et prospérité au propriétaire et à sa famille.

Il faut rappeler ici que pendant la période de l'entre deux guerres, à l'initiative des organisations juvéniles de campagne, on a commencé à organiser les fêtes de la moisson là où agissaient ces organisations. Ce sont les agriculteurs vieux et estimés, actifs dans les organisations paysannes, qui s'en occupaient. Une fête de la moisson de ce genre a été organisée en 1922 dans un village aux environs de Sandomierz. Cette fête mettait l'accent sur la peine du paysan, nourricier de la nation. Les mêmes organisations paysannes ont contribué à la préparation en 1927 de la première fête centrale de la moisson, qui a lieu dans la résidence estivale du Président de la République. L'encadrement plastique de la cérémonie était très riche. Les représentants des organisations particulières et des régions diverses du pays, portant des costumes traditionnels, ont remis des couronnes au Président. Dans les années suivantes, outre la fête de la moisson centrale, étaient organisées des fêtes régionales, appelées « fêtes de récoltes » (Lech, 1978 : 107-118).

Après la deuxième guerre, on n'a pas abandonné la coutume d'organiser la fête de la moisson. Dans les années du « socialisme réel », elle se tenait chaque année dans un lieu diffèrent. C'était une entreprise de propagande qui accentuait les succès non seulement de l'agriculture, mais aussi des autres domaines de l'économie nationale. Outre la fête centrale, des fêtes régionales étaient aussi organisées par les autorités socialistes locales. Après, les paysans portaient spontanément la couronne à l'église locale. En dépit de l'idéologie officielle ces couronnes accentuaient par leur symbolique non seulement les éléments de la fertilité, mais aussi les aspects religieux et patriotiques.

En revenant aux cérémonies agraires traditionnelles, il faut pour finir mentionner que des bouquets de fleurs et de blé étaient consacrés le jour de l'Assomption et qu'une gerbe de blé non battu était installée dans la chambre la veille de Noël. On ajoutait les grains de cette gerbe à ceux consacrés lors des semailles, en entretenant la continuité magique de la récolte passée et de l'abondance à venir.

Bibliographie :

- KOLBERG O., 1964, *Dzieła Wszystkie,* [Oeuvres complètes] v.33 *Chełmskie,* partie.1, Wrocław

- MOSZYŃSKI K., 1967, *Kultura ludowa Słowian,* [La culture populaire des Slaves] Warszawa, 2 ed., v.2/1, p.143

- LECH A., 1978, *Tradycyjna kultura ludowa w programach i działalności polskich związków młodzieży wiejskiej w okresie II Rzeczypospolitej,* [La culture populaire traditionnelle dans les programmes et dans l'activité des unions de la jeunesse paysanne dans la période de la IIe République], Acta Uniwersitatis Lodzensis, Nauki Polityczne Seria I, nr 39

- LECHOWA I., 1967, *Obrzędowe obchodzenie granic pól w Łowickiem w świetle materiałów porównawczych,* [Les tours des bornes des champs dans la région de Łowicz à la lumière des matériaux comparatifs] „Łódzkie Studia Etnograficzne",v. 9,p.277-302.

- LECHOWA I., 1983, *Tradycyjny rok obrzędowy we wsiach Polski Środkowej (Zróznicowanie i przemiany),* [Les coutumes annuelles traditionnelles dans les campagnes de la Pologne

Centrale. Différenciation et changements] „Prace i Materiały Muzeum Archeologicznego i Etrnograficznego w Łodzi. Seria ertnograficzna nr 24", p.17 – 194.

- ZADROŻYŃSKA A., 1985, *Powtarzać czas początku, Cz. I. O świętowaniu świąt dorocznych w Polsce,* [Répéter le temps du début. Partie I. De la célébration des fêtes annuelles en Pologne], Warszawa.

Consommation et symbolique des céréales au Danemark

Michèle SIMONSEN
Copenhague

Résumé : Cette contribution permet de se faire une idée du rôle persistant des produits céréaliers, à travers l'étude de l'évolution de leur utilisation rituelle au Danemark. En prenant pour objet l'ensemble des céréales (seigle, orge, avoine, froment), l'auteur rappelle leur importance dans l'alimentation paysanne traditionnelle et décrit les coutumes rituelles liées à leur production (moisson), à leur conservation (formulettes adressées aux animaux nuisibles), et à leur consommation. Ici, le grain des derniers épis est conservé en vue de son utilisation dans la confection de gâteaux de Noël. En remarquant que de nombreux proverbes témoignent de l'importance des céréales et du pain, l'auteur explique l'évolution actuelle de leur consommation. Celle-ci est marquée par deux tendances contradictoires : diminution de la consommation d'un côté, et de l'autre revalorisation des céréales sous une forme exotique (pizzas, pittas) ou archaïque (le pain brun revient à la mode), ce qui suscite de nouveaux rituels en référence aux exigences modernes de convivialité ou de domesticité.

1 : Place des céréales dans l'alimentation danoise.

Les céréales jouent un rôle essentiel dans l'alimentation traditionnelle du Danemark, pays agricole et maritime sans grandes ressources énergétiques, qui resta longtemps fondée sur les éléments *céréales* + *lait* + *harengs* + *chou* + *porc*, combinés selon des modalités qui ont varié selon les régions et les époques. Ce système alimentaire a été compliqué à la fin du dix-huitième siècle par l'introduction de la *pomme de terre*, vite devenue indispensable, à la fois équivalent et concurrent du pain par rapport à la viande. Traditionnellement, l'utilisation et la symbolique des différentes céréales se différencient de la manière suivante :

- *Seigle*, pour le pain quotidien.
- *Orge*, pour la bière, utilisée pour la boisson mais aussi pour la nourriture (panades de pain de seigle à la bière), et dont la valeur énergétique et nutritive était importante.
- *Avoine,* pour la bouillie quotidienne, la moins prestigieuse, et pour l'alimentation des chevaux.
- *Froment*, pour le pain blanc, plus rare et plus prestigieux, aliment de fête ou de riche.

Toutefois, les rapports (en termes de coût et de prestige) entre céréales et produits animaux d'une part, céréales entre elles d'autre part, ont beaucoup changé au cours des siècles.

Dans la société pré-industrielle du dix-neuvième siècle, l'alimentation quotidienne pour les populations des fermes (fermiers et domestiques de ferme), qui constituaient la majorité de la population du Danemark, était la suivante :

- Petit déjeuner : pain de seigle, + hareng, suivi d'une bouillie d'avoine au lait ou d'une panade au lait (*syltemælk*) ou à la bière (*øllebrød*) ou d'un mélange de lait chaud et de bière (*øllesøbe*). Dans certaines régions, pain et lard.
- Dîner (repas de midi) : soupe aux choux ou au lait ; ou pois cassés, avec ou sans saucisses ; ou pommes de terre à la sauce blanche.
- Souper : bouillie d'avoine ou d'orge, à l'eau ou au lait, frais ou caillé.

Nous avons moins de renseignements sur l'alimentation du petit peuple des villes et des populations côtières. Mais on voit que pour les populations rurales, le seigle, l'orge et l'avoine jouaient un rôle prépondérant.

2 : Coutumes et rituels liés à la production, à la conservation et à la consommation des céréales.

Il n'est donc pas étonnant de trouver au Danemark de nombreux rituels, coutumes et fêtes liés à la production, à la conservation et à la consommation des céréales.

2.1 : Coutumes et rituels liés à la moisson.

Une coutume générale voulait qu'on ne moissonne pas le champ dans son entier, mais qu'on y laisse sur pied les derniers épis, de même qu'on ne cueillait jamais le dernier fruit d'un arbre. Dans certaines régions, on spécifiait que les derniers épis étaient laissés « pour les oiseaux », « pour les souris », ou bien pour quelque être surnaturel, le *Goen*, le cheval d'Odin, *Odin* en personne (le principal dieu du panthéon scandinave), ou même le « Juif d'Upsala » (aussi appelé le *cordonnier de Jérusalem*, c'est-à-dire le *Juif errant*).

Dans certaines régions, quand on arrivait aux derniers épis, on appelait cela « attraper le renard », ou « chasser le renard ». Parfois, cette figure de style donnait lieu à une mise en scène, et un jeune garçon se tenait au bout du sillon avec un sac, dans lequel il devait feindre « d'emprisonner le renard ».

2.2 : Fin de la moisson.

Une fois la dernière gerbe coupée, les moissonneurs brandissaient leur faux au-dessus de la tête en lançant des cris de joie pour avertir tous les alentours que la moisson était terminée dans leurs champs. On liait alors la dernière gerbe. Cette dernière gerbe avait une importance toute particulière. Personne ne voulait couper ou lier la dernière gerbe, de sorte que les moissonneurs redoublaient de zèle à la fin du travail. Elle était personnifiée, surnommée la *mégère* (*kællingen*), ou parfois la *Mère*, la *Grand'mère* ou la *Vieille*. On lui donnait la forme d'une femme aux formes pleines, en nouant un ruban autour du cou et de la taille, et on la revêtait parfois d'habits féminins. On la nouait aussi grande et lourde que possible, en y mettant parfois une pierre à l'intérieur. La servante qui avait lié la dernière gerbe recevait le même surnom que sa gerbe : *mégère de seigle*, ou *mégère d'avoine* et acquérait un statut particulier. C'était le plus souvent un déshonneur. Pour la punir, un des valets l'empoignait, la jetait à terre et l'attachait à la gerbe. Parfois cependant, c'était un honneur. Dans certains endroits, on distinguait entre la *mégère de seigle*, titre honorifique, et la *mégère d'avoine*, titre infamant.

La dernière gerbe ainsi ornée était installée bien en vue dans la charrette qui ramenait la dernière charretée à la ferme ; elle dépassait de haut les autres gerbes. L'entrée dans la cour de ferme avait aussi une importance rituelle. Selon que les portes de la ferme étaient ouvertes par un homme ou par une femme pour laisser entrer la charrette ramenant la dernière gerbe, on pouvait augurer du sexe des petits des animaux et des enfants humains qui naîtraient dans l'année.

Une fois entrés dans la cour de ferme, les moissonneurs se mettaient en deux rangées devant la porte de la cuisine en faisant grincer leurs faux de toutes leurs forces. C'était une manière traditionnelle de menacer la patronne : ils iraient couper la tête de tous les choux du potager, si elle ne leur servait pas immédiatement beignets aux pommes, bière et autres friandises.

Une coutume répandue dans certaines régions du Danemark était la fabrication de « poupées d'infamie ». Lorsque les gens d'une ferme avaient fini la moisson, ils fabriquaient un mannequin de paille, appelé *gueux des moissons*. Au cours de la nuit suivante, en profitant de l'obscurité, l'un d'eux jetait incognito ce « gueux », muni d'un billet insultant autour du cou, dans la cour des fermiers moins chanceux ou moins zélés qui n'avaient pas encore fini la moisson. Cette poupée était parfois tout simplement la dernière gerbe, revêtue de haillons et munie d'un râteau en guise de faux.

2.3 : La fête des moissons.

Le soir même, avait lieu la *petite fête des moissons*, (à ne pas confondre avec la véritable *Fête des moissons*, qui aurait lieu plus tard), réservée à ceux qui avaient participé à la moisson : on servait des tartines accompagnées de charcuterie, et on dansait jusqu'au petit matin.

Partout dans le pays, on célébrait aussi la Fête des moissons, à laquelle étaient invités la parenté au sens large, mais aussi tous les fermiers du bourg qui faisaient partie de la même ligue, c'est-à-dire avec qui on entretenait des obligations d'entraide et de socialité réciproque. La fête de moissons, qui demandait de nombreux préparatifs, n'avait pas lieu immédiatement après la moisson, mais à l'automne, à la Saint Michel, le 29 septembre, ou le plus souvent en octobre. Elle durait parfois deux jours. Les valets et les servantes qui avaient participé à la moisson avaient le droit d'amener chacun un invité de sexe opposé n'ayant pas participé aux travaux.

Le déjeuner traditionnel de la fête des moissons consistait anciennement en un plat de bouillie de céréales, suivi de morue sèche. Dans la seconde moitié du dix-neuvième siècle cependant, le menu était devenu le menu standard de toutes les fêtes : bouillon de pot au feu, suivi du morceau dc viande qui avait servi à faire la soupe accompagné de sauce au raifort.

Etant donnée l'importance accordée à la dernière gerbe lors de la moisson, (que ce soit pour des raisons magiques ou psychologiques), il n'est pas étonnant que celle-ci ait aussi joué un rôle lors de la fête des moissons. Les jeunes filles qui avaient lié la dernière gerbe de chacune des trois céréales devaient danser la première danse avec leur gerbe, placée bien en évidence au fond de la salle. Parfois cependant, les coutumes reflétaient aussi la hiérarchie des diverses céréales, de sorte que la *mégère du froment* et celle du seigle étaient placées à la place d'honneur, tandis que la *mégère de l'avoine* était reléguée sur le pas de la porte, avec une serpillière autour du cou en guise de fichu.

Le lendemain de la fête des moissons était le *jour des noisettes*, jour de congé pour les garçons et filles de ferme. Ils allaient s'amuser à la ville. Cependant, le nom de cette journée rappelle une époque antérieure où ils profitaient de cette journée de congé pour aller dans les bois cueillir des noisettes, qui leur serviraient de monnaie pour jouer aux cartes lors des veillées d'hiver.

2.4 : Conservation des céréales.

La conservation des céréales posait de nombreux problèmes. De nombreuses précautions étaient prises pour limiter les dégâts occasionnés par la moisissure et par les animaux nuisibles. En plus de ces moyens techniques, la tradition populaire utilisait aussi deux types de procédés symboliques : les formulettes magiques et les interdits.

Les formulettes adressées aux rongeurs, rythmées et assonancées, les enjoignent d'épargner la récolte engrangée. Ce sont des sortes de « prières populaires », qui reconnaissent le pouvoir surhumain des rongeurs et tentent de se concilier leur bienveillance. On peut considérer ces formulettes comme des succédanés de sacrifices, au même titre que la petite portion de céréales laissée sur pied dans le champ lors de la moisson, et qui, on l'a vu plus haut, était parfois laissée pour les souris.

Mus, her har du dit,
Lad så mig beholde mit!
Disse neg må du fortærre
Alt det andet skal du lade være

(Souris, voilà ta part
Laisse ma part tranquille!
Tu peux manger ces gerbes-là
Toutes les autres sont à moi)

Les interdits concernant le nom des animaux nuisibles relèvent d'une mentalité semblable. De même que dans la tradition populaire, on ne prononçait jamais le nom du Diable, de peur de le conjurer, mais qu'on le remplaçait par des euphémismes, de même il était prudent de remplacer le nom de la vermine par des euphémismes ; les rats étaient nommés *bêtes noires* ou *bêtes au long cul* ; les souris, *bêtes grises.* Cette règle était particulièrement importante entre Noël et la Chandeleur, la période de Noël au sens large, période si dangereuse à bien des égards.

2.5 : Fabrication et consommation du pain.

Le grain de la dernière gerbe était soigneusement conservé, et utilisé entre autres choses pour la nourriture rituelle des animaux domestiques et des oiseaux lors de la nuit de Noël ; et pour la confection du *gâteau de Noël.* Ce gâteau, qui était en fait un pain blanc de froment, était placé au centre de la table et destiné à la contemplation pendant tout le cycle des douze jours ; on ne commençait à le consommer qu'à la fin du cycle, c'est à dire à l'Epiphanie, mais on en gardait un morceau jusqu'au 2 février. En effet, le matin de la Chandeleur, le premier valet et la première servante consommaient rituellement ce reste du *gâteau de Noël* avant d'aller procéder au premier labourage de l'année nouvelle. Ce premier labourage était tout symbolique, car au Danemark, la terre est souvent gelée à cette date-là. Ainsi, le sort ultime de la dernière gerbe, préparant le labourage de l'année suivante, exprime la continuité symbolique de l'année agricole..

Les coutumes, proverbes et dictons danois concernant la consommation des céréales sont organisés autour de deux thèmes. D'une part, le respect du pain, dont la fabrication, soumise aux caprices de la nature, a coûté tant de travail, et qui devient symbole de la nourriture en général :

"Den, der træder på brød
Vil friste hunger for sin død"

(Celui qui marche sur du pain
Connaîtra la faim avant sa mort)

Et l'on connaît la légende, immortalisée par Hans-Christian Andersen, de la fille de ferme vaniteuse qui, ayant reçu de sa patronne un pain frais à offrir à ses parents, le pose sur une mare pour ne pas salir ses souliers. La miche de pain fléchit sous son poids et elle se noie.

« Quand un enfant fait tomber un morceau de pain ou un livre pieux, une bonne mère doit lui apprendre à le baiser en le ramassant ».

« Quand la ménagère a pétri la pâte, elle dessine une croix dessus, et quand les pains sont levés, elle dessine encore une croix, pour les protéger contre les sorciers ».

« Quand on entame une nouvelle miche de pain, on doit dessiner une croix dessus avec la pointe du couteau en disant : « au nom de Jésus ».

« Si l'on veut faire cadeau à quelqu'un de pain frais, il faut d'abord en retirer l'un des croûtons, sinon, cela portera malheur à la maison qui a cuit le pain ».

3 : Les céréales dans l'alimentation contemporaine au Danemark:

Depuis la deuxième guerre mondiale, la place des céréales a subi deux évolutions opposées.

Dans les années 1950, avec l'affluence grandissante, la consommation globale de céréales diminue, surtout celle de bouillie, par rapport à la consommation de viande ; tandis que, parmi les céréales, la consommation de froment (pain blanc raffiné) augmente beaucoup aux dépens du seigle.

Depuis les années 1980, un mouvement inverse s'amorce, d'abord dans les groupes marginaux (végétariens, écologistes, tiers-mondistes), puis progressivement appuyé par la politique de santé officielle. La consommation de céréales et de fruits et légumes augmente aux dépens des produits animaux, sans toutefois revenir au système alimentaire du Danemark pré-industriel décrit au début de cet article. On assiste à une grande revalorisation des céréales, mais surtout sous forme exotique (pizzas, pâtes alimentaires, *foccacia* et autres pains italiens, *pitta* venues du Moyen-Orient). Comme dans beaucoup d'autres pays, la pizza, qu'on achète toute faite, tend à devenir le plat national danois. Curieusement, cette revalorisation n'a pas touché la bouillie traditionnelle, honnie des plus de cinquante ans, qui s'en souviennent comme le symbole de la nourriture de pauvre, et presque inconnue des moins de cinquante ans.

On assiste aussi à un renversement complet de la hiérarchie entre pain raffiné et pain complet. Le pain blanc, pain de fine fleur de froment qui fut pendant des siècles l'apanage des riches, est maintenant stigmatisé pour son peu de valeur nutritive. Le pain complet, enrichi de son, de germes de blé, et de grains concassés provenant si possible de plusieurs autres céréales, est devenu plus prestigieux. Cependant, la baguette de type français, et la *foccacia* de type italien échappent à cette stigmatisation du pain blanc.

Il faut souligner l'importance symbolique du « pain fait à la maison ». Faire son pain n'est évidemment plus une nécessité matérielle depuis longtemps. Toutes sortes de pain sont vendues dans les nombreuses boulangeries, supermarchés, et boutiques-dépannage ouvertes jusqu'à minuit. Mais c'est le symbole par excellence de la « domesticité » et de la « convivialité », notions qui jouent un si grand rôle dans l'identité culturelle des Danois.

Fête des olives vertes, folklore provençal et produits du terroir

L. Sébastien FOURNIER
Université Montpellier III

Résumé : Basée sur l'exemple ethnographique d'une fête thématique provençale consacrée aux olives de table, cette contribution explore les façons dont les produits agricoles réputés traditionnels sont mis en valeur dans le contexte de la modernité. En insistant d'abord sur les valeurs symboliques fortes des produits oléicoles et sur la place de l'oléiculture dans le village étudié, on comprend l'ambivalence des discours des producteurs, qui voient dans la fête autant de contraintes que de potentialités. Puisque ces acteurs du monde agricole restent souvent critiques, la fête se diversifie et fait appel à des organisateurs locaux très nombreux, qui mettent en place un programme éclectique. Dans ce cas, on est donc devant une fête agraire de création récente, qui utilise dans un contexte touristique le folklore local et les produits du terroir mais qui n'est appuyée sur aucun antécédent traditionnel.

Pour communiquer sur le thème *Fêtes et rites agraires, rétrospective d'un siècle,* nous avons choisi une étude de cas. Il s'agit de la fête d'un produit du terroir, l'olive, ce qui implique une approche du cycle production/consommation, et il s'agit aussi d'une fête provençale utilisant des éléments rituels classiques des fêtes populaires et du folklore traditionnel tel qu'il a été mis en place depuis Frédéric Mistral[1].

Les sources font défaut sur la fête elle-même : on en trouve seulement une mention dans un guide touristique

(Bottani, 1994) et une autre dans un ouvrage local (Marcel Bonnet, 1991). Sinon, il faut s'en remettre aux coupures de presse et aux programmes.

Sur la préparation des olives vertes dont il est question ici –les olives « cassées »- on ne trouve en guise de sources que quelques recettes (Cottier-Angeli, 1999) et une mention elliptique (Amouretti, Comet, 1985) .

Ce silence est d'autant plus étonnant qu'il défie l'actuelle prolixité des publications concernant l'olivier, l'huile et même le savon, sujets que les media et la demande touristique ont su porter au devant de la scène[2].

Notre problématique sera de mettre en relation différentes façons de valoriser l'olive comme produit du terroir, et de voir comment plusieurs groupes peuvent percevoir la fête des olives vertes de manière spécifique. Nous verrons ainsi apparaître plusieurs visages de l'identité et de la tradition, qui récupèrent un produit local pour le faire vivre sous des modalités différentes. Nous accèderons alors à une palette de représentations du fait social étudié, et nous pourrons en envisager la variabilité.

L'enquête, en analysant des discours sur la fête, révèle la pluralité de cette dernière et sa situation de nœud privilégié d'affirmation sociale. On ne se figure pas la fête de la même manière quand on est producteur, consommateur, ou amateur de folklore.

Concrètement, nous tenterons de prendre en compte conjointement différents aspects ou visions de la fête : folklore, liturgie, sociabilité, commerce, tourisme, pour déterminer la place d'un pôle festif dans l'organisation de la production de l'olive cassée. De même il faudra mesurer le lien de ce dossier avec les formes classiques d'affirmation de l'identité provençale.

Pour ce faire, nous fournirons d'abord des données indispensables pour situer la portée symbolique du produit, puis nous envisagerons le rapport des producteurs à la mise en valeur du produit en général, à sa mise en valeur festive en particulier. Enfin, nous nous pencherons plus précisément sur l'organisation et le déroulement de la fête, et sur quelques pistes possibles pour son interprétation ethnologique.

1 : L'olive dans la culture locale.

1.1 : La place de Mouriès.

Situé dans les Alpilles en plein cœur de la Vallée des Baux, le village de Mouriès (2500 habitants) est connu pour être la « Première commune oléicole de France » avec 75000 oliviers déclarés. Pour beaucoup d'informateurs, « Mouriès vit à l'heure de l'olivier (...) tout le monde est plus ou moins concerné »[2]. Au bout de quelques années, les nouveaux installés essaient de « ramasser à la moitié », c'est-à-dire chez un producteur en se faisant rémunérer leur travail par la moitié du produit fini. Mouriès compte trois moulins à huile.

Le rang tenu par la commune fait sa fierté, ce qui transparaît dans les entretiens et dans un chapitre spécial consacré à l'olivier dans l'ouvrage local sur Mouriès (Marcel Bonnet, 1991 : 34-44). Y sont détaillées les différentes facettes de l'industrie oléicole locale : types de moulins, fabrication des scourtins, façons de cueillir, variétés.

1.2 : Le complexe symbolique de l'olivier.

L'olivier et ses produits forment un complexe symbolique qu'une étude lexicale approfondie permet d'approcher. En couplant les valeurs attribuées à l'olivier et les éléments qui président à la transformation de son fruit, on peut faire affleurer un noyau sémantique et trouver des passerelles symboliques entre les différentes productions oléicoles.

a. L'olivier : arbre d'immortalité :

Après un gel ou un incendie, l'olivier a la faculté de ressurgir de la terre : « La souche perpétue la vie (…) c'est de cette façon que l'olivier est immortel » (Marcel Bonnet, 1991 : 34). Dans tous les cas, l'olivier est lent à produire et figure, sinon l'immortalité, la continuité : « Le grand-père le plante, le père le taille, le fils le récolte »[3].

Ces images de continuité et d'immortalité sont incarnées dans la langue par les champs lexicaux de la maternité et de la mort. La métaphore du lait est présente dans l'expression *mouse lis oulivo* (où cueillir se dit traire) et dans la *gerlo* (jarre qui pouvait aussi bien transporter l'huile que le lait). La mort, elle, apparaît dans l'expression *toumba dins la gerlo de l'oli* (mourir)[4] et peut-être dans l'utilisation de cendres pour la préparation de certaines olives confites.

b. L'olivier : arbre de paix et de sagesse :

L'idée de paix est ici approchée par le vocabulaire de la pureté, qui file encore une fois la métaphore du lait. Le savon, obtenu à partir d'huile d'olive lessivée, permet le blanchissement du linge et l'hygiène corporelle. L'huile elle-même a servi en religion aux onctions.

L'idée de sagesse, qui poussait les Grecs à associer l'arbre à Athéna, est présente sous la forme du feu et de la lumière : l'huile appelée « or roux » par Frédéric Mistral et les antiques lampes à huile.

L'arbre s'inscrit ici dans un tissu symbolique riche et complexe qui établit des correspondances avec d'autres éléments majeurs de l'imaginaire agro-pastoral méditerranéen traditionnel. Pour affiner ce tableau, il ne faut pas oublier la charge sexuelle donnée aux olives dans l'expression « changer l'eau aux olives » (uriner)[5] et dans la répartition des tâches : femmes aux champs, hommes au moulin[6].

1.3 : Variétés.

Mistral (*Trésor*) recense une soixantaine de termes désignant des variétés d'olives, que l'on peut grouper, compte tenu des variantes linguistiques que la liste comprend, en une quinzaine de types distincts. Ces termes désignent essentiellement l'olive par sa forme (par exemple pour une même variété : *aglandau*, de gland ; *blanqueto,* de blanche ; *berruguetto*, de verrue...) ou sa provenance (*selounenco*, de Salon de Provence ; *espagnenco…*).

A Mouriès, quatre qualités principales sont connues[7], qui peuvent aussi bien produire de l'huile que des olives de table : la grossane (noire piquée), la verdale (verte à la cendre façon picholine), la salonenque (verte cassée précoce), la berruguette (verte cassée tardive).

1.4 : Olives vertes et olives cassées.

En Provençal, les « olives cassées » sont dites *cachado* ou *a l'escachado,* ce qui littéralement signifie meurtries ou écachées[8]. On utilise à cet effet un maillet de bois ou un verre épais, jamais du métal qui oxyderait l'olive. La comparaison de plusieurs recettes donne l'idée de l'évolution des techniques de fabrication depuis l'industrie domestique jusqu'à la fabrication commerciale .

La recette classique consiste, une fois les olives « cassées », à les désamériser en les faisant séjourner neuf jours dans une eau changée quotidiennement, puis à les conserver dans une saumure aromatisée au fenouil (sources : informateurs ; prospectus distribué durant la fête ; Chanot-Bullier, 1972).

Toutefois, les confiseurs industriels ont adapté pour leur production la recette des « olives vertes à la picholine » élaborée au 18e siècle (Amouretti, Comet, 1985), et remplacent la désamérisation par osmose (à l'eau) par quelques heures de trempage « dans une lessive de soude légère à 2° Baumé » (Amouretti, Comet, 1985 : 21), ce qui a pour principal mérite de résoudre les problèmes de stockage. D'autre part, le rendement s'accroît grâce à des casseuses à rouleau ou à marteau. Néanmoins, cette seconde manière réduit le temps de conservation des olives de un an à trois mois : les industriels se confient aujourd'hui aux technologies du froid pour prolonger la période de commercialisation.

La lessive de soude, qui entre également dans la fabrication du savon de Marseille « pour saponifier les corps gras » (Boulanger, 1994 : 8), est un produit chimique dont l'image correspond mal au titre de « produit traditionnel » que les producteurs veulent mettre en avant : dans le *Dossier de presse 1999* de l 'Association des producteurs d'olives de tables de la Vallée des Baux, la recette ne fait mention que d'un « trempage de quelques heures dans une lessive qui va retirer le goût amer » (page 12), sans préciser la nature de cette « lessive ».

Pourtant, un examen étymologique de la soude montre qu'elle est un produit naturel et traditionnel : c'est un « genre de plantes qui croissent au bord de la mer » (Larousse) dont on traitait les cendres pour obtenir du sel alcali, le mot alcali venant de l'arabe *al-qilyi* (soude ; Quillet), ou *al-kâly* (cendre ; Boulanger, 1994 :11). L'utilisation de soude est donc vraisemblablement héritée de l'utilisation de cendre dans le traitement des olives de table, et témoigne d'apports techniques anciens venus de l'autre rive de la Méditerranée.

On le voit, le produit en question est fortement enraciné dans le terroir local ; il participe d'un complexe symbolique très ancien mais dont la plupart des éléments sont difficiles à mettre en relation. Un travail approfondi sur l'univers symbolique méditerranéen pourrait tenter de mettre à jour d'autres jeux de correspondances, mais on peut douter que n'en émerge un mythe fondateur de l'olivier directement compréhensible. Notre travail, fort de ces quelques jalons, doit donc désormais se tourner résolument vers une approche phénoménologique, plus à même de saisir, *hic et nunc*, quelques façons de vivre l'olive cassée comme un produit de tradition. Dans cette optique, les manières de percevoir la fête des olives vertes de Mouriès seront révélatrices des recompositions dont la tradition de l'olive cassée fait l'enjeu.

2 : Les producteurs et la fête.

Nous retracerons d'abord l'histoire de l'engouement actuel pour l'olive dans la Vallée des Baux et les formes qu'il prend aujourd'hui, en tentant de comparer ces formes avec la mise en valeur de l'huile, puis nous mettrons en avant les discours des producteurs.

2.1 : La mise en valeur de l'olive.

Dans la Provence rurale traditionnelle, un repas à base d'*aioli* était offert par les propriétaires à tous les employés à la fin de l'olivaison. A la fin du 19e siècle, Mistral et le Félibrige font de ce plat maigre mangé à Noël et au Mercredi des Cendres (Benoît, 1949) un symbole de l'identité provençale (Fournier, 1997 : 35).

En 1947, un groupe de peintres (dont Chabaud, Serra...) et d'hommes de lettres provençaux fondent aux Baux une confrérie en l'honneur de l'olivier qui durera deux ans, intronisant ses membres sur le modèle des confréries vineuses. La confrérie des « oliverons baussencs » organise dans ce cadre une fête avec un spectacle folklorique devant des personnalités du monde félibréen et politique[9].

Le terrible gel de 1956 est suivi d'un silence d'une bonne dizaine d'années, et il faut attendre 1968 pour que Mouriès, à l'initiative de son maire André Blanc, ait l'idée de lancer une « Fête des olives vertes ».

En 1985, on parle encore du recul de l'olive (Amouretti, Comet, 1985) mais vers 1990 la tendance s'inverse. Les producteurs prennent en charge la promotion de leur produit sur plusieurs plans : confrérie des mouliniers pour l'huile, Association des producteurs d'olives de table de la vallée des Baux pour l'olive cassée, Syndicat interprofessionnel oléicole de la vallée des Baux.

En même temps, la demande s'emballe en Europe du Nord et un discours sur les vertus médicales des produits oléicoles s'affirme. Plusieurs ouvrages de vulgarisation sont édités[10]. Cet engouement aboutit avec la création au printemps 1997 par l'Institut National des Appellations d'Origine (I.N.A.O.) de trois Appellations d'Origine Contrôlée (A.O.C.) pour la vallée des Baux (huile, olives cassées et olives noires) ; et de deux labels : “ Paysage de reconquête” (1993, ministère de l'environnement) et “ Site remarquable du goût ” (1994, Conseil national des arts culinaires). Il faut citer aussi, à l'initiative du Centre Economique Agricole de l'Olivier (C.E.A.O.) et avec l'appui de la C.E.E. (D.G. VI, développement rural) la création en 1994 des “ Routes de l'olivier ” (Bottani, 1994). Aujourd'hui des magasins se spécialisent dans la vente d'huile d'olive et l'huile A.O.C. coûte plus de 100F/litre.

2.2 : Le discours des producteurs.

Ainsi, la fête des olives vertes de Mouriès est loin d'être la seule initiative pour faire connaître ce produit du terroir. Pour mesurer son rôle dans l'ensemble de la dynamique locale, nous devons nécessairement nous rendre compte de l'organisation de la production et du marché qui s'y greffe. D'où la pertinence d'entretiens avec plusieurs types de producteurs.

a. Promotion médiatique et commerciale :

L 'Association des producteurs d'olives de table de la vallée des Baux (président : André Camous) s'est fixé pour but la promotion médiatique et commerciale de l'olive cassée. Elle défend l'idée d'un dialogue permanent avec les confiseurs, et participe à des foires et des salons agricoles. Revendiquant sa part dans la création de l'A.O.C., elle organise à chaque début de campagne une journée de presse (13/09/99) où les journalistes sont invités à visiter les oliveraies en *quad* (moto à quatre roues) et en hélicoptère et à partager un buffet champêtre. Pour elle, « on peut marier tradition et modernité » (*Dossier de presse*, p.10) en affichant l'olive cassée sur Internet.

En outre, cette association fournit des renseignements chiffrés sur l'organisation de la production. Sur les 1500 oléiculteurs que compte la vallée des Baux, 150 environ produisent 50% de la récolte. Ils amènent leurs olives chez l'un des sept confiseurs associés qui les achètent au prix fixe de 17 Francs/kg. Cette production d'olives cassées est de l'ordre de 200 tonnes/an, écoulées principalement dans le département des Bouches-du-Rhône.

Pour les professionnels que regroupe l'association, il faut « aller de l'avant », prendre contact avec les filières de la grande distribution, élaborer des procédés de conditionnement nouveaux (Jean Martin, à Maussane, a mis au point une urne recouverte d'une pellicule argentée pour éviter l'oxydation, et élabore son produit dans un froid constant pour tenter d'en prolonger la commercialisation), et soigner l'aspect marketing.

Interrogés sur la fête, ces professionnels qui ont été il y a six ans à l'origine du « concours mondial de cassage d'olives » (pendant la fête, le samedi) se sentent peu impliqués et accusent la municipalité de Mouriès de vouloir retirer tout le bénéfice de la fête. Parallèlement, ils jugent souvent la confrérie des mouliniers « folklorique ». C'est pourtant l'un des confiseurs qui vend au comité des fêtes les 1500 seaux d'olives que leur stand requiert.

b. Agriculture biologique :

Le choix du label Agriculture biologique implique *de facto* de se limiter à une production artisanale d'olives de table, du fait de l'absence de traitement contre la mouche de l'olivier.

Edith Watton-Chabert, ainsi, a mis en service en 1998 un moulin destiné à traiter les apports de l'agriculture biologique, et se concentre surtout sur l'huile, ce qui ne l'empêche pas de souscrire à la fête en servant de jury au concours. Selon elle, l'olive et le folklore vont très bien ensemble[11]. La fête a une visée promotionnelle certaine, mais cela n'empêche pas l'aspect communicatif, la joie et les sourires. Elle insiste sur la participation massive des Mouriésens, tout en affirmant que le tourisme qui s'y développe est une très bonne chose.

c. Splendeur et misère de l'olivier :

Pour Philippe Révoil[12] l'approche est tout à fait différente. Pour lui, l'olivier était un arbre pauvre dont on a fait aujourd'hui une richesse touristique ; un outil de travail dont on a fait un article de souvenir. Ce processus est alors synonyme de dépossession : « on perd l'identité de l'arbre et des gens qui le travaillent ». L'olive de tradition a besoin « de chance, de soleil et de pluie », elle ne supporte ni l'engrais, ni l'arrosage : « Un olivier sous perfusion, c'est un olivier malade ». La mise en place de l'A.O.C. ne profite qu'aux fonctionnaires qui prétendent apprendre leur travail aux producteurs. Déjà au début du siècle l'huile de Mouriès était réputée : « L'huile nouvelle, ça fait cent ans qu'elle est arrivée ! ». Pour aimer l'olive, il faut « aimer le froid, la marche, la souffrance ; il faut prendre sa ceinture, son panier et aller ramasser… », retrouver les gestes des anciens. Il faudrait rendre à l'arbre sa modestie, gagner sa vie avec mais ne pas chercher à s'enrichir grâce à lui. En somme, on n'avait pas besoin de cette mode nuisible qui vend le fruit du travail à des gens « guindés » qui ne peuvent pas se rendre compte de l'âpreté du travail fourni, et n'ont jamais vu un olivier.

Ce producteur indépendant participe à la fête, qui « fait du bien au village », en y tenant un stand, mais il estime que la fête, en forçant la demande, peut finir par porter tort à la culture de l'olivier. Selon lui, on n'a rien inventé avec cette fête. L'olive a fait avancer la fête mais pas le contraire : les emballages et la qualité auraient même tendance à régresser. Puisque les olives existaient avant la fête, la fête ne sponsorise pas l'olive : elle fait plutôt vivre le village.

Ainsi, ce ne sont pas les mêmes représentations qui président à la compréhension de l'olive comme produit du terroir. Le tourisme et la mode du « terroir » et des reviviscences traditionnelles sont vécus autant comme des potentialités que comme des contraintes par les producteurs locaux. Il nous faut désormais préciser les différents éléments de la fête en faisant appel à d'autres groupes impliqués, pour mieux axer notre focale sur la fête elle-même.

3 : Organisation et déroulement de la fête.

L'étude d'une fête thématique axée sur un produit du terroir doit forcément comprendre une approche des manières dont ledit produit s'intègre à la culture locale : quel est son rôle, à la fois symbolique et économique ? Nous avons vu comment il était perçu par des sources écrites et des producteurs, et nous avons compris sa portée de symbole de l'identité. Mais cela ne suffit pas pour comprendre une fête qui rassemble annuellement plusieurs milliers de personnes. Il faut, en participant, en consultant les programmes, se faire une idée de l'évolution de la fête dans le temps, puis par des entretiens comprendre les gens qui s'investissent dans la réalisation de la fête et quelle image ils en conçoivent, enfin relier la fête des olives vertes à d'autres formes festives connues en Provence[13].

3.1 : Origines et éléments :

L'observation des programmes permet de voir comment la fête s'est progressivement affirmée et étendue depuis sa création en 1968.

D'après des sources convergentes, c'est le maire de l'époque André Blanc, passionné de *bouvino*[14] et de traditions provençales, qui fut son principal instigateur[15] lors de la reprise de la production oléicole à la suite du gel de 1956. Pour le lancement, en 1968, le programme de la fête tient en une page au dos du programme de la fête votive. Le public y est convié à un concours de manades suivi d'un bal le dernier week-end de septembre.

Pour des raisons de concurrence avec la fête votive de Saint-Rémy de Provence, ce qu'on appelle déjà la « fête des olives vertes » est avancé du 4e au 3e dimanche de septembre dès l'année suivante. Le spectacle de 1969 s'étoffe d'un spectacle folklorique et d'un défilé animé par des musiciens. C'est la section taurine de la commission « fêtes », une association autonome, qui s'occupait de l'organisation.

La fête prend de l'ampleur en 1973 – 1e fête décomptée pour le programme de cette année qui annonce la 27e - avec la création du trophée taurin local des olives vertes, qui récompense les meilleurs raseteurs et manadiers sur une série de dix courses par saison. La même année voit naître le groupe folklorique mouriésen « *Lis oulivarello* » (les oliveuses) qui animera la fête jusqu'en 1994.

Quand, en 1981, arrive un nouveau curé, des paroissiens le supplient de célébrer une messe en provençal en l'honneur des olives. La fête s'étend progressivement depuis, avec des jeux taurins dans la rue (*abrivado*) qui doublent ceux des arènes.

Depuis cinq ans, il y a plus de monde pour le dimanche de la fête des olives que pour la fête votive. L'*abrivado,* sous le prétexte du danger qu'elle représente, a été supprimée. Parallèlement ont émergé des formes d'attraction plus diversifiées : concentration de véhicules anciens depuis 1989, exposition de peintures et de chiens, concours mondial de cassage d'olives depuis 1994 où trois catégories (hommes, femmes, enfants) cassent le plus d'olives possible durant des périodes de trois minutes. En outre les centres d'intérêt plus classiques (folklore, bouvine) prennent de l'ampleur ainsi que la « Foire aux produits du terroir ». Cette « Traditionnelle brocante – Artisanat – Produits du terroir » compte seulement cinq stands d'olives cassées et trois proposant des olives « à casser ». L'un des stands vend seulement 40 kg d'olives cassées à l'eau. Tous les autres exposants (plus de 50) sont des brocanteurs ou des artisans.

Evidemment, le succès de la fête est aussi fonction des conditions climatiques. En 1999, la journée du dimanche a été annulée en raison de la pluie. On entend dire : « A 90%, c'est le soleil qui fait la fête ». Néanmoins, preuve de l'engouement qui porte cette fête, le défilé folklorique et la finale du trophée taurin sont reportés au samedi suivant. Le programme se trouve même augmenté de jeux taurins imprévus (*abrivado, bandido*).

3.2 : Organisation :

La fête des olives vertes est le fruit d'un travail conjoint de différents groupes distincts. A travers chaque type de participation, on peut éclairer les parts dans l'organisation de la fête du municipal, de l'associatif, du cultuel, du spontané.

A Mouriès, l'office du tourisme se confond avec le comité des fêtes[16]. Cette instance a plusieurs missions : elle régit les droits de place de la foire, elle organise le concours de cassage d'olives, elle invite et paie les groupes folkloriques et ordonnance le défilé, elle organise le bal et elle tient un stand de produits du terroir.

Sur le plan associatif, il faut noter la présence d'associations locales à la fête : le foyer rural s'occupe de l'installation logistique, le Secours populaire vend des produits, l'association des commerçants est partie-prenante, et le club taurin se cantonne aux arènes. L'association locale « Maintenance des traditions » participe au défilé.

L'association « Chemin faisan » a une place particulière. Son but général est la valorisation du patrimoine culturel des Alpilles par l'éducation à l'environnement. Travaillant essentiellement en milieu scolaire par la diffusion de matériel pédagogique concernant entre autres l'olivier et la culture de l'olive, l'association organise durant la fête des visites gratuites des oliveraies en calèche. Les commentaires sont assurés par des animateurs ou des bénévoles de l'association.

En ce qui concerne l'aspect liturgique de la fête, très lié à l'aspect folklorique, nous avons privilégié l'enquête orale, en l'absence d'une structure liturgique ancienne[17]. Contrairement à la fête de l'huile primeur du 10 décembre, où la confrérie des mouliniers a obtenu une bénédiction de l'huile que le curé appelle une « liturgie profane », la fête des olives vertes ne donne lieu à aucune bénédiction. L'Evangile, l'Epître et des chants sont dits en langue provençale ; le sermon remercie Dieu pour l'olivier qu'il a donné et fait mention du travail de l'homme. Aucun saint spécifique n'est invoqué, et la dévotion des fidèles de cette occasion spécifique ne se matérialise que par des rameaux, de l'huile et des pots d'olives vertes placés dans l'église.

Enfin, il faut garder à l'esprit la liesse populaire qui se développe dans les rues toute la fête durant. L'absence de repas programmés laisse une place importante à la spontanéité festive des Mouriésens, qui célèbrent aussi cette fête chez eux. Dans telle famille, on accueille jusqu'à 80 personnes pour la fête autour du repas du dimanche midi, ce qui est l'occasion d'une véritable fête dans la fête. Le maintien de cette commensalité privée élargie joue sans doute pour beaucoup dans la capacité des Mouriésens à s'identifier à leur fête. Les cafés et restaurants aussi sont combles, et les apéritifs se prolongent parfois jusqu'aux arènes.

4 : Vers une contextualisation ethnologique de la « Fête des olives vertes ».

Une fois éclairés les rôles de chacun et les liens des différents groupes avec la fête, nous pouvons mieux nous rendre compte des types de recompositions dont les termes de tradition, de folklore et d'identité font l'objet. L'enquête nous permet ici de mesurer la variabilité de ces concepts dans ce contexte culturel précis.

En ébauchant des directions de recherche concernant cette fête des olives vertes, nous dessinerons une trame analytique susceptible d'être appliquée à d'autres festivités du même type, associant folklore et produits du terroir. Deux aspects se combinent pour donner sens à la fête : la malléabilité du concept de tradition (et la relativité de sa noblesse)[18], et la valeur symbolique et commerciale du produit concerné.

4.1 : Utiliser la tradition.

Si l'on considère, dans un premier temps, les différentes manières de déambuler collectivement dans les vergers en cette période de début d'olivaison, on se rend compte du décalage flagrant qu'il peut y avoir entre d'une part l'Association des producteurs d'olives de table qui organise des visites d'oliveraies en hélicoptère et quads (motos à quatre roues), et d'autre part l'association « Chemin faisan » qui les fait visiter en calèche. Les deux modèles se réclament de la tradition : « Tradition, terroir et savoir-faire » pour les premiers lorsqu'ils briguent l'A.O.C., « Traditions et patrimoine culturel » pour les seconds dans leur visée éducative. Ainsi pour les uns la tradition est un savoir-faire professionnel actuel à mettre en valeur avec les moyens les plus sophistiqués de la civilisation technologique (traitements pour avancer la récolte, technologie du froid pour étendre la période de commercialisation, publicité, vitesse et efficacité) tandis que pour les autres elle se réfère à un passé plus ou moins idéalisé (traction animale, costumes folkloriques). Le terroir est ici mis en valeur sur deux modes séparés : un mode commercial et productiviste, et un mode folklorique ou nostalgique.

La fête proprement dite, quant à elle, semble faire une large place au second mode, qui est celui d'un engouement pour le passé observable dans de nombreuses autres entreprises populaires de patrimonialisation. Les groupes folkloriques y tiennent un rôle primordial[19], avec la présence des associations de maintenance des traditions les plus prestigieuses : présidé par la reine du Félibrige et par la reine d'Arles, le défilé comprend une quinzaine de groupes folkloriques et traditionnels dont la fameuse « *Nacioun gardiano* ». Les groupes non provençaux y sont rares : en 1998 il n'y en avait pas ; en 1999 un groupe périgourdin a été invité.

Cette traditionalité très affirmée de la « Grande fête provençale des olives vertes » connaît son acmé dans les arènes où pénètre le défilé. Des danses s'ensuivent, précédant la course de taureaux, et c'est l'une des rares occasions avec la *Pégoulado* d'Arles créée par Mistral, où l'on peut voir des danses folkloriques dans les arènes. De même, la fête est connue pour ses costumes provençaux, souvent endossés spontanément par des gens qui ne font pas partie des groupes.

On perçoit ici la filiation avec les *Festo prouvençalo* de 1912 à 1914 que le milieu félibréen avait organisées à Mouriès « suivant une formule que le Marquis de Baroncelli venait de trouver pour organiser des fêtes populaires où la langue provençale, le costume provençal, les traditions camarguaises seraient, ensemble, mises en valeur et maintenues » (Marcel Bonnet,1991 : 84). Le nom de *Festo vierginenco*, terme en principe réservé aux fêtes du théâtre antique d'Arles, avait même été donné à ces fêtes.

4.2 : Valeur symbolique des olives.

Si l'on veut juger de la valeur symbolique propre des olives vertes, il faut les penser comme prémices d'une récolte, sans oublier leur particularité.

Comme pour tous les fruits, la consommation de la première olive est l'occasion de faire un vœu.

Ensuite il faut penser à la valeur prédictive du ramassage des olives vertes : il s'agit d'un échantillonnage qui permet d'augurer de la récolte et de sa qualité. Une fois les olives vertes ramassées, on sait si la saison sera bonne ou non.

Enfin, les olives vertes ont une valeur emblématique du fait qu'elles se ramassent nécessairement une à une dans des paniers, à une époque où les olives à huile sont de plus en plus vibrées ou ratissées. Le produit est ainsi appuyé sur la reproduction nécessaire d'une gestuelle passée et en voie de se perdre. De plus, ce geste précis du ramassage à la main est en provençal une opération à haute portée sémantique : comme nous l'avons évoqué plus haut, *mouse lis oulivo* signifie tout à la fois cueillir d'un coup de main toutes les olives d'un rameau, traire, exprimer le lait, tirer doucement, soutirer de l'argent par des caresses, financer, enrouler la ficelle autour de la toupie.

Les olives n'ont pourtant qu'une valeur dérisoire face aux impératifs logistiques de la fête. La date de la fête, en étant passée du 4e au 3e week-end de septembre, est en avance d'une semaine sur la date traditionnelle de préparation des olives cassées sans soude. Le produit qui est servi pendant la fête a donc toutes les chances d'être calibré et aseptisé. Dans le même sens, la fête a lieu deux mois avant la récolte et l'huile primeur en est par conséquent absente.

4.3 : Rapport au contexte.

Si l'on veut trouver des raisons de succès à cette fête, on peut penser en premier lieu au sobriquet collectif de *festéjaire* (fêtards) qui est donné aux Mouriésens. La fête votive est l'une des plus attractives du Pays d'Arles, et la vie culturelle du village est rythmée par plusieurs autres occasions festives de création récente : une « Fête du ruban » axée sur le costume traditionnel provençal renforce la fête du club taurin (fin juin) depuis trois ans ; une « fête du goût » a lieu en octobre depuis quatre ans ; la fête de l'huile primeur se tient depuis cinq ans et en mars on fête les « Sept jours pour la Provence » depuis une quinzaine d'années.

Cet intérêt du village pour les fêtes explique aussi sans doute l'hétérogénéité des types de manifestations proposés lors de la fête des olives vertes : la diversité des initiatives permet de toucher différents types de public et de drainer une foule nombreuse.

En ce qui concerne les rapports de cette fête avec d'autres interprétations en anthropologie des coutumes alimentaires ou en ethnologie de la fête, ils font l'objet de développements dans le cadre de notre thèse. Le présent article se contente d'avancer des éléments propres à faire comprendre au lecteur les ressorts internes d'une dynamique locale de mise en valeur festive d'un produit du terroir.

Ainsi, cette fête vit du rapport dialectique entre un produit du terroir et la culture locale. Ce rapport sera pensé différemment selon les groupes, qui donnent à cette culture des inflexions plus ou moins économiques ou patrimoniales.

Pour les producteurs de l'Association des producteurs et du Syndicat interprofessionnel, la fête est un divertissement qui ne doit pas être confondu avec leurs ambitions professionnelles de commercialisation. Elle est folklorique et ne sert pas à faire vivre l'olive. Ils ne s'y rendent pas en délégation officielle. Le folklore et les aspects coutumiers des produits du terroir sont gommés au profit d'une politique expansionniste.

Pour d'autres, la fête ne fait pas vivre l'olive, mais le village : ils y participent à ce titre. Enfin, certains disent que la fête participe à la vente des olives et a un impact promotionnel et pédagogique sur des touristes et des clients potentiels. Elle peut même servir de forum informel pour justifier les prix élevés des produits. Dans ces deux derniers cas, le folklore et les produits du terroir servent de support à un cérémonial qui renforce l'identité villageoise. Les échanges commerciaux se font dans le cadre local de la foire.

Conclusion :

Finalement, la fête étudiée ici doit se comprendre comme une célébration du terroir. C'est l'idée de local qui prévaut pour saisir conjointement l'aspect folklorique et l'aspect commercial qui s'y développent. Un produit, l'olive, a été jugé représentatif du terroir d'abord sur une base quantitative (Mouriès est la première commune oléicole de France), puis il s'est affirmé comme support de l'identité locale.

Incontestablement, la fête des olives vertes est une fête agraire de création récente en ce qu'elle fait intervenir les filières professionnelles concernées. Si ses rites ne sont pas aussi enracinés que ceux de certains prémices, l'ensemble des aspects de la manifestation, inséré dans le cycle de production/consommation de l'olive, forme néanmoins un tout cohérent aux yeux des acteurs, avec pour principal paradigme sa dimension locale.

Dans ce mouvement qui fait correspondre la mise en valeur d'un produit jugé traditionnel et l'affirmation folklorique d'une identité locale, le cultural se confond avec le culturel pour accomplir la fonction canonique des fêtes : ressouder la communauté.

Pourtant, le soutien promotionnel à l'olive peut être ressenti comme un risque de déracinement. L'A.O.C. est souvent dénigrée parce qu'elle est un facteur de motivation étranger à la culture locale, parce qu'elle est loin d'être synonyme d'ancestralité. Effectivement, l'enquête révèle des différences entre les recettes domestiques traditionnelles et la recette qui prévaut pour la fête, et montre que les nouvelles techniques culturales (engrais, arrosage) ont avancé la date de la récolte.

De même, les aspects folkloriques de la fête des olives vertes ne sont que l'adaptation locale des formes classiques d'affirmation de la tradition provençale. La localité se met ici en spectacle sur un mode directement compréhensible par ses voisins, en recomposant les pratiques traditionnelles et folkloriques communes de la Provence mistralienne.

Comme dans d'autres cas de fêtes traditionnelles de création récente, la représentation idéalisée du passé fait bon ménage avec la pratique actuelle du marché. Folklore et économie, même s'ils s'opposent dans l'idée que s'en font les participants, sont rassemblés par les circonstances.

Notes :

[1] Sur le Félibrige et l'affirmation de l'identité provençale au 19e siècle, voir Martel (1986) et Pasquini (1988).
[2] A l'heure où nous écrivons, la demande en huile d'olive est telle qu'une chaîne de magasins spécialisés dans les huiles du monde entier a vu le jour. Son nom : O & co.
[2] Entretien avec H. Perez (28/07/1999).
[3] Proverbe cité par Bonnadier (1989). Pour une liste de proverbes et d'expressions, voir aussi Mistral (*Trésor).*
[4] Cf. Mistral, (*Trésor*).
[5] Ibid.
[6] M. Mandianes nous rappelle que l'huile, lubrifiante, est connotée sexuellement.
[7] D'après nos enquêtes.
[8] Cf. Mistral (*Trésor*).
[9] Entretien avec Ch. Galtier (7/07/1999).
[10] Voir surtout Bonnadier (1989), Verdié (1990), Bottani (1994).
[11] Entretien (7/09/1999).
[12] Entretien (3/09/1999).
[13] Cf. notre thèse d'ethnologie sur le sujet « Ethnologie des fêtes locales en Provence : mise en valeur du patrimoine et vécu festif », Université Paul Valéry – Montpellier III (2002).
[14] Sur les pratiques tauromachiques en Provence, voir Saumade (1994).
[15] Entretien avec L. Rochette (7/09/1999).
[16] Sous la présidence de M.Martinez, adjoint au maire.
[17] Entretien avec F. Esposito (9/09/1999).
[18] Pour un débat sur la tradition, voir surtout Hobsbawm et Ranger (1983).
[19] Sur les groupes folkloriques en France, voir Duflos-Priot (1995).

Bibliographie :

- AMOURETTI M.-C., COMET G., 1985, *Le livre de l'olivier*, Edisud, Aix-en-Pce.

- AMOURETTI M.C., BRUN J.P. (ed.), 1993, *La production du vin et de l'huile en Méditerranée*, Ecole française d'Athènes, Bulletin de correspondance hellénique supplément XXVI.

- BENOIT F., 1949, *La Provence et le Comtat venaissin,* Aubanel, Avignon.

- BONNADIER J., 1989, *Cantate de l'huile d'olive,* Ed. A.Barthélémy, Avignon.

- BONNET M., 1991, *Mouriès,* coll. Le temps retrouvé, Ed. Equinoxe, Marguerittes.

- BOTTANI D., 1994, *Le guide des routes de l'olivier*, Ed. la Manufacture, Lyon.

- BOULANGER P., 1994, *Mémoires du savon de Marseille,* coll. L'imagier, Ed . Equinoxe, Marguerittes.

- BOULANGER P., 1996, *Marseille, marché international de l'huile d'olive, 1725-1825,* Ed. Institut historique de Provence, Aix-en-Pce.

- CHANOT-BULLIER C., 1972, *Vieilles recettes de cuisine provençale,* Tacussel, Marseille (3e ed.).

- COTTIER-ANGELI F., 1999, *Les olives de table, de leur cueillette à votre assiette,*Edisud, Aix-en-Pce.

- DUFLOS-PRIOT Marie-Thérèse, 1995, *Un siècle de groupes folkloriques en France*, L'Harmattan, Paris.

- FOURNIER L.S., 1997, *Patrimoine régional et tourisme à Arles,* DEA d'ethnologie (dir. J. BONNET), Montpellier III.

- FOURNIER L.S., 2002, *Ethnologie des fêtes locales en Provence*, Thèse de doctorat d'ethnologie, Montpellier III.

- HOBSBAWM E./ RANGER T., 1983, *The invention of tradition*, Cambridge.

- LAROUSSE, 1951, *Dictionnaire de la langue française.*

- MARTEL Ph., 1986, « Le Félibrige », in P.NORA (dir.) *Les lieux de mémoire ; III, Les France ; 2, Traditions,* Gallimard, Paris, : 566-611.

- MAUSS M., 1947, *Manuel d'ethnographie*, Payot, Paris.

- MISTRAL F., 1968, *Lou trésor dou Félibrige, dictionnaire Provençal-Français,* Ed. R.Bérenguié, Barcelone (rééd.).

- PASQUINI P., 1988, « Le Félibrige et les traditions », in Ethnologie française, 3 : 257-266.

- QUILLET-FLAMMARION, 1983, *Dictionnaire usuel de la langue française.*

- SAUMADE F., 1994, *Des sauvages en Occident, les cultures tauromachiques en Camargue et en Andalousie,* coll. Ethnologie de la France, Regards sur l'Europe, Maison des sciences de l'Homme, Paris.

- VERDIE M., 1990, *La civilisation de l'olivier,* Ed. Albin Michel, Paris.

Entretiens :

7/07/99 : Charles GALTIER, écrivain, conteur, dramaturge provençal.

28/07/99 : Floréal et Hélène PEREZ, habitants de Mouriès.

3/09/99 : Philippe REVOIL, oléiculteur indépendant.

6/09/99 : Martine, permanente de l'association « Chemin faisan ».

7/09/99 : Edith WATTON-CHABERT, oléicultrice biologique.

7/09/99 : Loïs ROCHETTE, chroniqueur taurin à Mouriès.

9/09/99 : François ESPOSITO, curé de Mouriès de 1981 à 1998.

13/09/99 : Journée de presse de l'Association des producteurs d'olives de table.

Une procession des champs : Le *Grenzgang* des villes rurales allemandes.

Andreas C. BIMMER
Université de Marburg

Résumé : Cette étude de la coutume du *Grenzgang*, sorte de procession par laquelle les villes allemandes des régions rurales inspectent leurs frontières depuis le dix-septième siècle, donne une idée de l'étendue des applications possibles d'éléments agraires à des rites festifs plus généraux. Après avoir introduit historiquement le *Grenzgang* et ses variantes principales, l'auteur s'intéresse successivement à sa spécificité régionale (en Hesse), aux groupes et aux personnages qui y interviennent, au symbolisme de certains rites et au déroulement concret de la fête. Il apparaît que ces fêtes récupèrent des éléments propres au sauvage carnavalesque (en particulier la figure du Maure), qu'elles confrontent les participants à la nature sauvage, et qu'elles mobilisent un folklore d'inspiration militaire. Ces caractéristiques en font des fêtes « contre-agraires » qui définissent en creux l'imaginaire urbain associé au monde agraire.

La fête dont je vais parler est liée au sujet général de ce colloque, à la fois par son histoire et parce qu'elle s'oppose aux environs ruraux et aux propriétaires agraires des villages et terrains qui entourent les villes rurales où elle se déroule. Il s'agit d'une fête contre-agraire, qui contient néanmoins des éléments agraires dominants. Aujourd'hui l'aspect agraire est présent sous la forme d'une brève rencontre des participants avec la nature, les bois et les champs, pendant les processions.

1 : Qu'est-ce que le *Grenzgang* ?

Le *Grenzgang* est une coutume juridique et régionale qui remonte au dix-septième siècle[1]. Il s'agissait à l'origine d'un acte de vérification des frontières communales : une coutume juridique qui était assurée tous les sept ans sous la forme d'un cortège des représentants et de la population du village ou du district. Il faut insister sur le fait que cette procession ne contient pas d'éléments religieux ou sacrés, et que c'était une spécialité qui était limitée à la Hesse ou au district de Marburg. Un contrôle régulier des frontières était bien normal dans toutes les sociétés et les systèmes de propriété. Les frontières étaient fixées par des pierres, partout bien connues. Dans l'histoire il y a eu d'innombrables querelles, publiques ou privées, concernant les frontières exactes entre les champs, les forêts et les propriétés communales[2]. Dans notre cas, concernant la région de Marburg, et plus exactement une petite ville de 10000 habitants nommée Biedenkopf, les autorités d'état, en la personne de la comtesse Elisabeth Dorothea (à ne pas confondre avec la Sainte Elisabeth de Thüringen et de Marburg), ont ordonné en 1653 de passer régulièrement aux frontières. L'ordre était destiné au maire et aux représentants de ville qui, accompagnés par des habitants et par des écoliers qui étaient forcés de participer, inspectaient toutes les pierres de frontière. De l'autre coté des pierres, ils rencontraient les représentants et les propriétaires voisins. Autour de ces inspections et rencontres il y a eu beaucoup de coutumes, dont je rends compte plus bas. Après une telle inspection les participants étaient invités par la commune à faire la fête sur la place de la mairie, et parce que c'était une affaire publique et obligatoire les boissons et les petits snacks étaient gratuits. On peut lire des relations très complètes de ces coutumes dans les actes des communes, dans leurs plans budgétaires, qui se trouvent jusqu'à aujourd'hui dans les archives.

Après la dissolution des petits états et territoires indépendants et la formation d'un état allemand, les problèmes frontaliers ont été réglés d'une autre manière, mais dans quelques régions la vérification communale des frontières avait été conservée et s'est transformée d'une autre façon. Quand les litiges frontaliers se sont affaiblis, l'acte juridique s'est changé en fête populaire.

Dans la recherche ethnologique, les limites, les frontières, les normes et valeurs et le comportement des gens qui vivent dans une telle situation n'ont pas souvent été et ne sont pas un sujet actuel des entretiens ethnologiques. Il n'existe pas beaucoup d'études, bien qu'il y ait quelques éléments dans notre discipline, dans lesquelles les références aux aspects frontaliers sont évidentes. Dans la recherche régionale, il faut s'intéresser aux études des biens, par exemple des pierres et des signes ; dans la recherche des coutumes, on peut penser aux rites de passage, qui sont en partie rites de ségrégation ; dans des recherches sociales contemporaines, ces problèmes sont évoqués par exemple à l'occasion de l'ouverture des frontières entre les deux Allemagnes ou entre la Hongrie et l'Autriche. Bien sûr, les problèmes concernant les frontières linguistiques sont bien connus dans la littérature ethnologique et philologique, de même que dans le cadre des études de contes et de légendes. De la même manière, l'histoire des conflits et des guerres qui étaient menés pour des territoires nationaux et leurs frontières a été bien étudiée.

A part les conflits contemporains et politiques concernant les réformes régionales, les frontières communales dont je veux parler ne sont pas jugées importantes à notre époque. Malgré ce manque d'importance apparent, il est intéressant de remarquer qu'elles font l'objet d'une attention publique, même si dans notre cas c'est seulement tous les sept ans.

Je présenterai ici les structures personnelles et coutumières du *Grenzgang*. J'organiserai mon exposé en quatre parties : la région ; les groupes et personnages ; les signes, les symboles et les actions ; et le déroulement du *Grenzgang*.

2 : La région.

Le *Grenzgang* de notre région, c'est-à-dire du pays de Marburg, en Hesse, est originaire de petits villages, mais de villages qui ont reçu des droits de ville très tôt. Par exemple, le village de Wetter a reçu ses droits au douzième siècle à cause d'un monastère. Les habitants de ce village étaient fiers ne pas être serfs, et le slogan contemporain « *Stadtluft macht frei* » (L'atmosphère de la ville rend libre) indiquait leur privilège. Les villages de ce type, qui étaient par leur population des petits villages, mais par leur situation juridique des villes, devaient en permanence défendre leurs territoires contre la campagne féodale du voisinage, en particulier les champs, les forêts et les eaux qui étaient situés en dehors des murs du village. Pour cette raison, le respect dû aux frontières était très important. La tradition du *Grenzgang* existe dans notre région dans cinq villages, qui fêtent cet événement tous les sept ans. C'était au début une pratique urbaine, de plus en plus pratiquée aussi dans la campagne. Aujourd'hui, c'est une coutume qui est redevenue urbaine. Cette coutume du *Grenzgang* est relativement unique en Allemagne contemporaine. Il y a des processions religieuses, avant tout dans les régions catholiques, mais c'est autre chose. Ce serait très intéressant de savoir s'il y a des processions des champs comparables dans d'autres pays européens.

Le grand succès de cette fête -on compte quelques milliers de participants et de visiteurs, venant de toute la région- a persuadé d'autres villages de créer aussi un *Grenzgang* chez eux. A nouveau, on peut lire dans la presse que quelques personnes ont organisé une course le long de l'ancienne frontière, en cherchant les pierres, puis on a bu quelque chose et on a décidé de refaire le *Grenzgang* encore une fois. C'est là une première cellule d'un futur *Grenzgang*, que l'on ne peut bien sûr pas comparer à l'original.

3 : Groupes et personnages.

Les éléments de cette coutume ont été, presque sans modification, les mêmes jusqu'à aujourd'hui.

Le *Grenzgang* est porté et organisé par des associations du village. Dans quelques communes une seule association est responsable, ailleurs ce sont dix associations ou plus, comme à Biedenkopf où il y a une des plus vieilles traditions de *Grenzgang*.

On fait tous les préparatifs de cette fête dans les associations. Cela dure souvent plusieurs années, et il n'est pas rare qu'on commence les préparatifs du *Grenzgang* qui doit avoir lieu dans sept ans juste après le *Grenzgang* précédent. Au début des processions, les associations se mettent en rang sur la place de la Mairie, très militaires en costumes historiques, mais libres de tradition, souvent en costumes de fantaisie. Seuls les signes de rang sont prescrits.

Il y a trois ou quatre figures qui jouent un rôle dominant et extraordinaire dans ce spectacle.

Avant tout ce sont les coureurs (*die Läufer* en allemand). Le plus spectaculaire est le Maure (*der Mohr*), une personne maquillée en noir comme un nègre. Plus sérieux sont les colonels bourgeois, montés sur des chevaux, qui dirigent et commandent le cortège.

Les coureurs, jeunes garçons avec une condition physique admirable, ont une fonction d'ordonnateurs. Ils courent tout le temps le long du cortège en faisant claquer de grands fouets avec un bruit énorme.

La figure du Maure est très intéressante et un peu mystérieuse. En expliquant son origine, les ethnologues et les historiens ne sont pas d'accord. Les interprétations s'étendent d'une figure mythologique ou d'une personne qui doit faire peur aux voisins frontaliers, jusqu'à une explication selon laquelle le Maure est un persiflage des Maures, qui étaient connus dans les cours féodales des territoires voisins qui n'étaient pas munis des droits des villes libres.

Dans ces conditions, mon opinion est qu'il vaut la peine de continuer les recherches sur l'origine du Maure, en particulier parce qu'il faut trouver à partir de quelle image on a formé cette figure. Selon les actes dans les archives le Maure est déjà présent en 1816 dans le répertoire des figures. Pendant nos entretiens pour la préparation d'une exposition sur la Deuxième Guerre Mondiale dans nos régions, de nombreuses personnes ont déclaré dans les interviews, que lorsqu'ils ont vu pour la première fois de leur vie un nègre, c'était un soldat américain sur son blindé dans les troupes d'occupation en 1945.

Aujourd'hui le Maure est une figure très populaire, et les jeunes gens sont très fiers de jouer ce rôle. Sa fonction est de danser dans le cortège, de traîner le sabre et de noircir des jeunes femmes en les embrassant.

4 : Signes, symboles et actions.

Pendant la procession du *Grenzgang* il y a beaucoup d'actions, quelques coutumes et des signes qui sont importants pour la compréhension de la fête ; et il y a d'autres éléments et des caractères qu'il n'est pas nécessaire de comprendre ou qui ne sont pas faciles à comprendre sans risquer un jugement trop rapide et inadéquat.

Premièrement il est à remarquer que toute la fête est déterminée par un style militaire. Les costumes sont des uniformes, l'ordre de la formation est le cortège, les appels qui introduisent les actions constitutives, comme le départ, sont donnés comme des ordres, et surtout le slogan « la forêt est à nous » est lancé comme un cri de guerre au moment du départ. En plus, la musique de marche et beaucoup d'autres indices renforcent cet aspect militaire. Les historiens croient que l'enthousiasme bourgeois pour le militaire est un vestige de la révolution de juillet 1848 en France.

Un observateur soigneux pourrait voir que les gens, visiteurs comme personnes actives, ont beaucoup de plaisir face à ce spectacle militaire et au fait de jouer aux soldats. A mon avis, une interprétation qui jugerait que les Allemands ont toujours été des amateurs de militaire, même dans leurs fêtes, ne saurait être sérieuse. Mais il est à constater que le fait militaire joue dans toutes les actions folkloriques un rôle important, dans tous les pays et toutes les sociétés. Et cet aspect militaire, qui est désamorcé par l'irréalité du passé et par la situation légère d'un jeu, est très populaire. Je trouve cet aspect si intéressant que nous avons édité dans notre revue ethnologique *Hessische Blätter für Volks- und Kulturforschung* un tome sur le sujet « Le fait militaire dans la vie populaire »[3].

L'action la plus importante du *Grenzgang* est la séquence dite « *Huppschen* ». Les coureurs et le Maure soulèvent une personne trois fois sur la pierre frontalière en criant les mots « *Der Stein / die Grenze / in Ewigkeit* » (la pierre, la frontière, en éternité). En plus, le Maure embrasse les femmes et noircit leurs visages.

Le sens de cette action est une vérification symbolique de la frontière : aujourd'hui c'est un jeu drôle ; c'était autrefois un acte pour faire connaître la frontière exacte. On dit qu'il y avait des coutumes spécifiques, qu'on donnait une gifle aux élèves devant les pierres dans l'intention pédagogique, les douleurs aidant la mémoire, que les enfants apprennent mieux les lieux des pierres.

A une époque où l'on ne possédait pas de matériaux cartographiques, c'était bien sûr très important que les habitants d'un village sachent leurs frontières par tradition et par mémoire. Cette histoire de gifles est aussi bien connue dans d'autres régions allemandes.

Une autre coutume importante est celle qui se déroule sous le drapeau. Elle a aussi un caractère bien militaire. Cette action n'est pas directement en rapport avec la frontière ; c'est plutôt une coutume propre aux associations. Chaque association porte son drapeau ; on soulève des gens trois fois sous le drapeau comme pour un acte d'initiation, après quoi la personne est devenue membre du groupe pendant toute la fête. En plus, les gens soulevés doivent payer une petite somme selon leur position sociale et politique. Cette action souligne l'importance du drapeau pour la cohésion de l'association.

5 : Le déroulement du *Grenzgang*.

La fête commence très tôt. Vers cinq heures du matin on se rassemble sur la place de la mairie et les membres des différentes associations se mettent en place, vêtus en costumes historiques, à pied et à cheval, dans un esprit bien militaire. Comme on peut se l'imaginer, cette organisation est une affaire très compliquée[4]. A cette heure-là, il y a déjà beaucoup de spectateurs, qui regardent la scène avec enthousiasme. Ce sont les participants, qui suivent les troupes après leur départ le long du *Grenzgang*. Parce que le *Grenzgang* est très populaire dans la région, ce sont à peu près jusqu'à dix mille personnes qui se joignent à la procession des champs. On fait le tour des frontières, qui fait en tout plus de 45 km, en trois jours. C'est en plein été et il fait souvent très chaud : la route est difficile! Il y a des montagnes, des forêts, des prés ; on marche au bord des petits ruisseaux et lorsqu'on revient sur le pavé dur du village les efforts de la marche se font sentir. La marche est encore plus fatigante car les gens ont bu une quantité énorme d'alcool pendant les interruptions sur les aires de repos, qui s'appellent « Place du petit déjeuner ». Ces places jouent un rôle très important, parce qu'elles sont le lieu où sont accomplies les coutumes centrales du *Grenzgang* : le *Huppschen* – on soulève les gens trois fois sur la pierre de frontière-, et la prise sous le drapeau. L'une est une coutume de groupe, l'autre est une coutume de la communauté, la vérification des frontières. En plus, le Maure fait une de ses grandes entrées en scène en noircissant les femmes pendant qu'on soulève les gens sur les pierres. Les coureurs aussi présentent leur savoir en claquant leurs grands fouets.

Après les trois jours de marche, quand on arrive à la dernière pierre de frontière, il y a une cérémonie d'adieux qui ressemble à un enterrement de la pierre et de la coutume, comme cela est connu dans beaucoup d'autres situations coutumières.

Cette réunion, avec des drapeaux et des étendards, des guirlandes, des chevaux et tous les accessoires d'une fête historique, a lieu le long des frontières -qui sont sans importance de nos jours.

Arrivée aux bornes, la foule s'arrête et les coureurs soulèvent des gens élus trois fois sur cette pierre en confirmant que la frontière est sûre et à nous. Les gens soulevés doivent payer une somme selon leur position sociale et politique et la foule saisit l'occasion de cette halte pour boire et manger quelque chose.

Ce *Grenzgang* est aujourd'hui une coutume folklorique au succès régional énorme. Les membres des associations du *Grenzgang* se rencontrent régulièrement, non seulement pour la fête même, mais aussi pour des mises en scène dans des fêtes différentes.

Pour les petites villes qui fêtaient le *Grenzgang*, il s'agissait dès le début et dans les siècles suivants d'une protection nécessaire de leurs territoires. Un *Grenzgang*, c'est une vérification des frontières de la communauté contre les propriétaires féodaux qui l'entourent.

Le *Grenzgang* de notre temps est en train de devenir une nouvelle fête à la campagne en réunissant le villageois et l'homme du monde agraire d'aujourd'hui. C'est une tradition pour beaucoup de familles de toute la région de participer au *Grenzgang*.

La nécessité et la sensibilité frontalières des gens qui pratiquent le *Grenzgang* ont changé complètement.

Face à un nombre de participants de plus de dix mille personnes se pose entre autres la question : d'où vient cet enthousiasme pour une fête historique et en même temps pour une marche très pénible ?

A mon avis il y a plusieurs faits qu'on peut raisonnablement expliquer :

1. La rencontre avec la nature est actuellement très populaire, tout comme les efforts physiques : être en forme est devenu une norme. Or, pendant le *Grenzgang*, on peut être actif dans la nature.
2. Il est rare, dans les fêtes populaires, que les spectateurs eux-mêmes puissent être actifs.
3. La passion pour l'histoire, qui à notre époque prend une de ses racines dans l'incertitude de l'homme devant un monde technique et global, et le désir de conserver des valeurs éprouvées, sont peut-être les motivations les plus explicables.
4. En plus – dans l'exemple du *Grenzgang*, mais aussi dans les cortèges populaires -, l'enthousiasme des spectateurs pour le militaire, dans un climat anti-militariste général, est un problème intéressant pour de futures recherches[5].

Notes :

[1] Bäumner, Günter: *Grenzgang in Biedenkopf. Ursprung, Entwicklung und Ablauf eines historischen Heimatfestes*, Biedenkopf, 1986.
[2] Reyer, Herbert: *Die Dorfgemeinde im nördlichen Hessen. Untersuchungen zur hessischen Dorfverfassung im Spätmittelalter und in der frühen Neuzeit* (Schriftenreihe des hessischen Landesamtes für geschichtliche Landeskunde, 38). Marburg, 1983.
[3] Bimmer Andreas C. (Hg): *Das Militärische im Volksleben.* (= Hessische Blätter für Volks- und Kulturforschung, 36), Marburg 2001; cf. : Bimmer, A. C.: « Kultur des Militärischen- Militärkultur », Einführung in den Band. S.
[4] A lire en détail: Bimmer, Andreas C.: « Der Stein, die Grenze, in Ewigkeit. Die Grenzgänge als besondere Feste... », in: *Eingekreist. Land und Leute in Marburg-Biedenkopf.* Wetzlar 2000, S. 89 - 94
[5] Un premier essai est l'article de Windmüller, Sonja: « Volksparaden. Kulturwissenschaftliche Annäherung an das Militärische im Festzug », in: *Das Militärische im Volksleben.* (Hg. Andreas C. Bimmer), Hessische Blätter für Volks- und Kulturforschung 36, Marburg 2001, S.

La transformation des fêtes vitivinicoles : des fêtes agraires aux fêtes commerciales

Jocelyne BONNET
Charles-Olivier CARBONELL
Université Montpellier III

Résumé : L'analyse ethno-historique des fêtes de la vigne et du vin fait apparaître l'évolution de la condition vigneronne que traduit, de façon spectaculaire, la transformation de ces fêtes. Aux fêtes religieuses de la vigne, sous la protection d'un saint patron, souvent organisées par des confréries vigneronnes dévotes, ont succédé d'une part des fêtes de confréries vineuses centrées sur des gestes festifs appartenant au patrimoine vigneron et d'autre part des fêtes du vin essentiellement commerciales.

Plus que leur abondance, pourtant remarquable, c'est leur diversité qui distingue les fêtes de la vigne et du vin des autres festivités agraires ; même des fêtes du blé, pourtant nombreuses et variées. Les fêtes de la vigne et celles du vin montrent en effet différents visages : fêtes religieuses collectives en l'honneur d'un saint protecteur de la vigne ou d'un saint patron d'une église ; fêtes familiales qui accompagnent les travaux vignerons depuis la taille jusqu'aux vendanges ; fêtes vineuses que sont les fêtes bachiques des confréries et, d'une tonalité différente, les fêtes-foires des négociants.

Le temps et l'espace viennent brouiller cette classification trop bien ordonnée. Dans un pays comme la France, qui retient ici notre attention principale, chaque type de fête a eu son histoire qui n'est pas la même ici et là.

Apogée, déclin, crises d'adaptation, changement de caractère, disparition et résurrection ont pu scander les étapes par lesquelles sont passées, au long des siècles, les fêtes de la vigne et du vin - étapes complexes trop souvent difficiles à connaître par manque de documentation.

Une approche ethno-historique permet de distinguer dans l'histoire de ces fêtes trois périodes :

- une période qui a vu naître, dans la Chrétienté médiévale, et se multiplier, aux 17e et 18e siècles, les fêtes religieuses de la vigne ;
- une période de crises et bouleversements qui contribuent à transformer profondément les fêtes de la vigne et du vin durant les deux derniers siècles ;
- une période enfin, la nôtre, où triomphent les fêtes du vin.

Ainsi se dessine une dynamique générale qui fait succéder aux anciennes fêtes religieuses de la vigne les nouvelles fêtes commerciales du vin.

1 : Fêtes traditionnelles, fêtes religieuses de la vigne.

Nées dans la Chrétienté médiévale et largement répandues dans la France catholique de l'Ancien Régime, les fêtes traditionnelles de la vigne sont par excellence des fêtes religieuses même s'il arrive qu'en certaines circonstances - taille, vendange - l'activité viticole suscite des comportements festifs purement profanes.

1.1 : Fêtes religieuses.

Comment n'auraient-elles pas été essentiellement religieuses ces fêtes vigneronnes, elles qui furent, dès l'origine et jusqu'à leur disparition, fêtes de confréries « dévotes » ? On donne ce nom[1] aux organisations corporatives vigneronnes, pieuses et charitables, dont la première apparut en Avignon en 1423. Etroitement liées à l'Eglise catholique, les confréries vigneronnes, qui se multiplièrent au 17e siècle, exercèrent un quasi monopole dans l'organisation, strictement codifiée, des fêtes collectives.

Les statuts de la confrérie Saint-Vincent de Tulette (Provence) créée en 1646 témoignent de la rigueur religieuse et morale exigée des « confrères ». Ceux-ci, stipulent-ils, doivent « accomplir confession et communion aux fêtes d'obligation et à la Saint-Vincent », s'interdire « badinage, danse, dissolution et débauche » après le repas de la confrérie et accepter leur exclusion « pour avoir juré Dieu, blasphémé ou tenu des malédictions contre leur femme ou enfants »...

1.2 : Fêtes en l'honneur des saints protecteurs.

Alors que la plupart des métiers possèdent un seul et même saint protecteur - saint Crépin pour les cordonniers, sainte Cécile pour les musiciens, saint Fiacre pour les jardiniers...-, les vignerons se singularisent en honorant à travers la France une trentaine de saints protecteurs. Ceci n'est pas dû seulement à l'esprit particulariste des vignerons ; on peut en trouver l'origine dans les exigences de la viticulture et de la viniculture qui amènent le vigneron à chercher une protection surnaturelle tout au long de l'année, de la Saint-Vincent (22 janvier) à la Saint-Urbain pape (19 décembre). Chaque mois, ou presque, on invoque la protection d'un saint ; si ce n'est de deux comme c'est le cas en avril où les vignerons peuvent demander l'aide le 19 de saint Vernier et le 25 de saint Marc. Le choix de ces saints comme protecteurs de la vigne et du vin est rarement dû à la présence d'un épisode viticole ou vinicole dans leur vie ; c'est le cas de trois d'entre eux seulement : saint Urbain de Langres qui sauva la vigne par ses prières, saint Martin -

auquel les Tourangeaux attribuent l'introduction de la vigne dans le val de Loire - et saint Vernier de Trêves, vigneron et martyr. Pour les autres, la raison semble être de coïncidence entre le jour de fête d'un saint, fixé par le calendrier liturgique, et le temps où le vigneron inquiet et plein d'espoir pratique certains travaux qu'il sait, par expérience, alors nécessaires : « la date à laquelle les saints protecteurs sont honorés correspond à des moments critiques du cycle de la vigne et induit une demande de protection particulière »[2]. Ainsi saint Vincent (22 janvier), la Vierge purifiée (2 février) et saint Blaise (3 février) sont honorés à l'époque de la taille et des premiers labours destinés à favoriser la montée de la sève. A saint Vernier (19 avril), à saint Georges (23 avril) et à saint Marc (25 avril), les vignerons demandent une protection des bourgeons contre les gelées et une bonne floraison ; à Saint Laurent (10 août), à Notre Dame (15 août) et à saint Roch (16 août),une bonne « véraison », un bon mûrissement du raisin. Ils invoquent enfin comme protecteurs des vendanges et des premières opérations de vinification saint Rémy (1er octobre), saint Martin (11 novembre), saint Urbain pape (19 décembre).

La fortune des saints protecteurs de la vigne a varié dans le temps comme dans l'espace. Ainsi, saint Vernier (19 avril), souvent invoqué aux 16e et 17e siècles, ne l'est plus guère depuis le 19e qu'en Franche-Comté, son origine germanique expliquant peut-être ce rejet. A l'inverse saint Marc (25 avril) rencontre un succès croissant en Provence à partir du 17e siècle. La crise du phylloxéra, qui dévasta le vignoble européen à la fin du 19e siècle, entraîna l'amplification du culte vigneron de saint Vincent (22 janvier), sans doute aidée par des calembours et des dictons qui dévoilent l'inévitable fonction protectrice de Vincent : vin-sang et d'autres. Ce dernier devint alors le principal - presque l'unique - saint protecteur des vignerons bourguignons, alors que saint Urbain continuait à être le saint patron des vignerons de l'Alsace du nord et saint Marc celui des vignerons de Provence.

Fêtes religieuses, les fêtes des « saints vignerons » le sont à l'évidence : églises ou chapelles sont au centre des cérémonies et le clergé y joue, aux côtés du chapitre de la confrérie, le rôle principal.

Elles comportent presque toujours deux éléments successifs :

- une messe solennelle au cours de laquelle sont bénites la statue du saint, la bannière de la confrérie responsable du culte, ou encore des représentations symboliques des fruits de la terre ;

- deux processions : l'une avant la messe pour aller chercher la statue du saint chez celui qui en a eu la garde, la seconde pour porter la statue à travers les rues, depuis l'église où elle a été bénite jusqu'au domicile de celui qui la gardera pendant un an[3].

Certaines de ces fêtes pouvaient s'accompagner de gestes festifs profanes. Ce fut, longtemps, une simple distribution de brioches aux présents tandis que le clergé, le chapitre et quelques notables participaient au repas statutaire de la confrérie. S'ajoutent souvent le repas de fête familial et, parfois, le banquet collectif dont le menu était rigoureusement fixé par la coutume. C'était le cas pour la Saint-Vincent, où le cochon, que l'on venait de tuer, fournissait l'essentiel des plats offerts aux participants : andouilles, boudin, jambon, « rôti-cochon »...

Ces éléments profanes, mineurs, ne doivent pas masquer ce qu'avaient de profondément religieux ces fêtes où la récitation collective, en procession, de prières, d'oraisons, d'actions de grâce, et la communion pendant la messe, proclamaient l'adhésion des vignerons aux enseignements de l'Eglise et témoignaient de leur foi en la Providence et en l'intercession des saints fondements métaphysiques de tous ces rites festifs.

1.3 : Fêtes votives, fêtes des prémices.

Religieuses aussi, étaient les fêtes des prémices associant la vigne - ici des grappes de raisin - à des cérémonies en l'honneur du saint patron d'une église. Ce que faisaient jusqu'à la fin du 19e siècle, les vignerons de Gy, village de la Haute-Saône, qui, pour la saint Symphorien, accrochaient quelques grappes à la statue du saint. C'est ce que font encore, de façon spectaculaire, les vignerons d'Arbois, dans le Jura, lors de la fête dite du « chapeau de saint Just ». Le premier dimanche de septembre, ils promènent en procession une énorme grappe, formée de dizaines de grappes et pesant une centaine de kilos, qu'ils amènent jusqu'à l'église saint Just où elle est suspendue au chœur de l'église. Dans un village voisin, une offrande identique et plus modeste est faite à la statue de la Vierge Marie lors des fêtes de l'Assomption (15 août). Ce geste propitiatoire, peu de temps avant les vendanges, n'a évidemment pas la même signification que la représentation, si fréquente dans la statuaire, de la Vierge entourée de grappes de raisin, ces « Madones à la grappe » évoquant la maternité de Marie.

La culture de la vigne est aussi accompagnée, dans le cadre familial, de « gestes » à valeur symbolique - lors de la taille - et de moments festifs, lors des vendanges.

1.4 : La première taille, geste festif à valeur symbolique.

Dans les mentalités vigneronnes, un certain nombre de gestes techniques doivent être accomplis suivant un rituel nécessaire au bon déroulement du cycle végétal et des récoltes. C'est le cas de la taille.

La taille de la vigne, destinée à relancer, entre janvier et mars, la fructification du cep, a donné lieu, jusqu'au début du 20e siècle en France, à des gestes propitiatoires suivis de fêtes familiales qui accompagnaient les fêtes de la Saint Vincent (22 janvier).

Avec sa serpe ou son sécateur, le vigneron taillait un cep en un geste symbolique en quelque sorte augural[4] ; puis il confectionnait avec les premiers sarments une couronne ou un bracelet qu'il rapportait à la maison pour les brûler ou qu'il portait dans une chapelle pour invoquer le saint protecteur. Les autres sarments, rassemblés à la fin de la campagne de taille, étaient et sont, encore aujourd'hui, brûlés aux limites du vignoble afin de supprimer les mauvaises herbes et de maintenir le vignoble « propre ».

Depuis environ un siècle, ces rites familiaux de la première taille ont disparu en France ; par contre ils existent toujours dans les Balkans sous la forme très festive et religieuse des fêtes de Saint Tryphon, le 1er février de l'ancien calendrier julien - le 13 février de notre calendrier. Pour avoir assisté à ces fêtes dans la région bulgare de Plovdiv en 1992, nous pouvons témoigner du fait qu'il s'agit là d'une vivante fête vigneronne à laquelle ne participent que les vignerons et leurs familles. Chaque vigneron se rend dans le vignoble qui a été choisi comme lieu unique de la cérémonie, sa serpe à tailler en poche, enveloppée dans un morceau de papier journal. Arrivé sur place, comme les autres vignerons, il taille quelques sarments. Puis, tandis que le pope bénit le vignoble, les vignerons bénissent eux-mêmes le pied des souches qu'ils viennent de tailler en versant du vin ou de l'alcool. Ils partagent ensuite, entre eux, l'alcool et la *banitza*, pain feuilleté caractéristique des fêtes bulgares. Le rire et les plaisanteries accompagnent la sortie aux vignes, et l'on raconte la légende de Tryphon qui s'est taillé le nez ou le sexe en taillant la vigne.

Ce qui se déroule aujourd'hui, lors de la première taille de la vigne, dans ce conservatoire des traditions agraires qu'est l'Europe balkanique, témoigne - peut-être? - de ce qui se passait jadis, ailleurs en Europe, en France en particulier.

Quoi qu'il en soit, la substitution du sécateur à la serpe, à partir du début du 20e siècle, ainsi que toute une série de facteurs que nous étudierons plus loin, ont contribué à faire disparaître le rite festif symbolique de la première taille. Cependant, la serpe à tailler reste l'attribut symbolique de saint Vincent comme elle l'est de saint Tryphon.

Ces facteurs de transformation ont joué le même rôle vis-à-vis des traditionnelles festivités du temps des vendanges.

1.5 : Le temps festif des vendanges.

L'ancienne tradition du « ban des vendanges » est conservée sous forme de fête de vignerons quand ceux-ci, lors d'un souper, après avoir goûté des raisins des différents terroirs, fixent le premier jour des vendanges. C'est par exemple le cas à Châteauneuf-du-Pape, où les vignerons réunis dans la salle du château pontifical fixent et publient le ban qui est crié dans toute la ville, « afin que le vin de la dite année soit non moins remarquable que les meilleurs vins des années antérieures ».

Faites à la main, les vendanges étaient jusqu'à hier une courte période de dur labeur. Elles étaient loin d'être une fête ! Pourtant, parce qu'elles contribuaient à créer une petite communauté qui, quelques jours durant, allait associer à la famille vigneronne, quelques amis ou quelques voisins ainsi qu'un groupe de vendangeurs occasionnels étrangers au village et parfois à la région, le temps des vendanges était aussi vécu comme un temps festif. Celui des chants paillards et bachiques, des jeux les plus divers - dont l'excitant barbouillage des filles -, celui des bals de fin de journée que suivaient les dîners en commun dans la maison du vigneron. Le dernier soir, il n'était pas rare que les vendangeurs reviennent en cortège bruyant de voitures ornées ; la dernière portait un bouquet de fleurs que les vendangeurs allaient offrir à la maîtresse de maison après le dernier dîner. On faisait alors ripaille : « C'était plus copieux, on buvait un peu plus, du vin meilleur », se rappelle un ancien[5]. Dans une enquête, dont les résultats ont été publiés en 1953, Arnold van Gennep mentionne l'existence de fêtes organisées dans les villages le premier dimanche suivant la fin des vendanges[6]. Interrogés récemment, de vieux vignerons évoquent avec nostalgie ce temps des vendanges. « C'était pas comme à présent! Personne était fatigué! C'était formidable! Il y avait un entrain...Tout le monde était bien content que la vendange soit finie, mais c'était la fête presque tous les jours » , dit l'un . Et l'autre ajoute : « C'est à la fois du travail et c'est à la fois des réjouissances, un plaisir »...

Les choses ont bien changé, il est vrai.

2 : Aujourd'hui, les fêtes du vin.

Tous les grands mouvements - politiques, sociaux, techniques, économiques, culturels - qui ont affecté le monde semblent avoir conjugué leurs effets pour mettre à mal les fêtes traditionnelles de la vigne au profit des fêtes du vin. Même si les discours évoquent la défense, voire la renaissance, des traditions.

Telle est la conséquence de la déchristianisation qui, déclenchée par la Révolution française et accélérée par la IIIème République, toucha les campagnes après avoir touché les villes. Les processions puis les confréries furent interdites[7]. En Provence, par exemple, les confréries de Saint-Vincent de Vaison, de Saint-Marc de Chateauneuf-du-Pape, de Saint-Vincent de Villedieu et de Saint-Vincent de Séguret disparurent successivement en 1791, 1792 et - les deux dernières - en 1793.

La laïcisation de l'enseignement, dans les années 1880, puis les lois de 1905 qui séparèrent l'Eglise et l'Etat, contribuèrent à décléricaliser les activités culturelles tandis qu'un vaste changement de mentalités, né au siècle des Lumières, voyait triompher des mythes du Progrès, de la Raison, de la Science. L'indifférence en matière religieuse gagna en audience ce que l'Eglise catholique perdait en autorité.

L'évolution de la société rurale est allée dans le même sens. L'exode vers les villes entraîna un inévitable déracinement culturel et rendit de plus en plus difficile la transmission de traditions entre des générations de plus en plus éloignées dans l'espace comme par les mœurs.

L'évolution propre à la société vigneronne eut des effets analogues. Ceux qui travaillaient la vigne, les « tâcherons », salariés ou métayers de propriétaires non-exploitants, connaissaient de très dures conditions de vie qu'ils essayèrent, au 19e siècle, d'adoucir en créant des « sociétés de secours mutuels ». Leur sort s'améliora lentement à partir des années 1870-1880, lorsqu'ils devinrent petits propriétaires, achetant au lendemain des crises et des guerres, des terres qu'ils continuèrent à travailler de leurs mains. Une telle évolution fit naître un nouveau type d'homme, le vigneron, aux côtés des anciens notables et des négociants.

Les révolutions techniques, scientifiques et économiques des 19e et 20e siècles ont été l'élément le plus déterminant dans la transformation des fêtes de la vigne et du vin. La lutte, de plus en plus efficace, contre les maladies et les accidents climatiques (gel, grêle, sécheresse…) a rendu de moins en moins nécessaire le recours aux rites propitiatoires religieux qui sont apparus comme des pratiques archaïques magico-superstitieuses.

Ce que craint aujourd'hui le producteur de vin, ce n'est plus « la colère ou le châtiment du Ciel », c'est la concurrence ; ce qu'il demande, ce ne sont plus des interventions surnaturelles mais des protections, des assurances, des aides de la société.

La machine à vendanger est un bon exemple des effets négatifs qu'une innovation technique peut avoir sur les fêtes vitivinicoles. Le cas du domaine de Montcalm, près d'Aigues-Mortes, est, à lui seul, particulièrement probant. Depuis 1983, ce domaine de 20 hectares a une machine à vendanger qu'une équipe de quatre chauffeurs fait fonctionner, pendant quelques jours, 18 heures par jour - de 3 heures du matin à 21 heures. Ces quatre chauffeurs ont succédé à neuf vendangeurs qui, durant quatre semaines, travaillaient et résidaient dans le domaine pour y vivre « le temps des vendanges ».

Plus que tout autre phénomène, c'est l'évolution du marché qui a pesé sur l'orientation des fêtes vigneronnes. La surproduction de vin, d'abord conjoncturelle - ce fut la crise des années 1920 - puis, depuis un demi-siècle, structurelle, a profondément modifié la condition du vigneron, son ambition comme ses craintes. Il ne s'agit plus de produire mais de vendre. Il a donc ajouté à son évidente qualité de producteur celle de négociant. Son maître mot n'est plus « récolte » mais « marché ».

Aussi les fêtes vigneronnes ont-elles changé de fonction, de nature et de style, à l'exception de quelques-unes, mineures, qui sont associées à des fêtes de village. Les fêtes du vin anciennes ont évolué selon trois cas de figure :

- Dans les pays d'autoconsommation, les fêtes du vin bénit ont le plus souvent disparu, remplacées par des fêtes fortement laïcisées ;

- Dans les régions vitivinicoles, les fêtes de confréries ont retrouvé une grande vitalité, conservé offrandes et gestes rituels, tout en affirmant de plus en plus fortement leur nouvelle vocation marchande ;

- De nouvelles fêtes du vin sont apparues, essentiellement commerciales.

Tandis que les gestes rituels s'y font de plus en plus rares, apéritifs, vins d'honneur municipaux, dégustations, repas et banquets se multipliaient, comme se multiplient les signes de solidarité professionnelle.

2.1 : La fête du vin bénit dans le cadre des fêtes de villages.

Dans les villages où la culture de la vigne était destinée à la production d'un vin de consommation familiale - vin de paysan et non de vigneron -, pouvait se dérouler une fête de bénédiction du vin à l'occasion de celle du saint patron.

C'était le cas - et c'est toujours le cas - à Boulbon, petit village du delta du Rhône, où pour la saint Marcellin (1er juin) se déroulait - et se déroule toujours la fête de « la bénédiction des fioles ». La voici, rapidement présentée, telle qu'elle fut observée en 1990 (enquête personnelle). La population du village porte ce jour-là le buste reliquaire de saint Marcellin depuis l'église jusqu'à une petite chapelle haut perchée où n'entrent que les hommes, chacun tenant à la main une fiole de vin. Une fois entrés, ceux-ci ouvrent les bouteilles que le prêtre bénit, puis ils boivent tous ensemble, avec le prêtre, ce vin bénit et chantent un cantique, composé en 1915, à saint Marcellin :

« Notre appui, notre père…Notre saint qui protège…en changeant la substance de l'eau…qui donne l'abondance aux pampres, qui sauve des fièvres du corps..., qui réunit tous ses enfants au ciel..., qui bénit notre bouteille et notre vin généreux pour sauver notre famille et conserver dans le village notre belle fraternité... ».

La procession regagne ensuite l'église puis chacun va mettre à l'abri, chez lui, la fiole bénite qui servira de remède miraculeux en cas de difficulté.

La fête des fioles connaît aujourd'hui un grand succès ; elle est suivie par la population des villages voisins et par de nombreux touristes qui y trouvent difficilement place. Malgré son succès, elle reste exceptionnelle.

La plupart des fêtes villageoises sont des fêtes profanes où le vin trouve place soit à l'apéritif, souvent offert par la municipalité, soit dans la dégustation et la présentation-vente de vins du terroir.

2.2 : Les fêtes de confréries vineuses : fêtes marchandes et vitrines identitaires.

Si leur nom renvoie à un lointain passé, les actuelles confréries vigneronnes, indifféremment qualifiées de vineuses ou de bachiques, ont toutes moins de cent ans ; la plupart moins d'un demi-siècle. Le mouvement de renaissance des confréries a été lancé en 1934 en Bourgogne par la célèbre « Confrérie des chevaliers du Tastevin », créée à la suite d'une grande crise de mévente, qui inventa, quatre ans plus tard, la fête de « la Saint-Vincent tournante ».

Présentes dans la plupart des vignobles français, certaines confréries ne réunissent que des vignerons ; d'autres s'ouvrent à des amateurs de vin, à condition que ceux-ci soient des personnalités de renommée nationale ou internationale capables de promouvoir le vin local. Car tel est, aujourd'hui, le but essentiel des confréries.

Certes, les confréries sont organisées sur un modèle et pratiquent un rituel qui se réfèrent perpétuellement, l'un et l'autre, au passé : hiérarchie complexe de dignitaires et de membres intronisés, costume d'apparat, insigne et bannière, tenue de « chapitres » qu'achève un repas en commun, célébration du vin...

Dans leur ensemble les confréries vigneronnes demeurent les foyers traditionnels d'espace de fête conçus pour maintenir l'union vignerons-terroir ; pour créer une homogamie professionnelle permettant en particulier l'adhésion des plus jeunes ; pour offrir les surplus de vin en les mettant à disposition de la collectivité afin de rester en conformité avec les règles économiques de partage traditionnel et religieux

Une centaine de banquets de confrères sont ainsi organisés chaque année en Bourgogne pour fêter le vin et honorer un saint patron protecteur des vignerons. Les étapes rituelles sont invariables et permettent d'acquérir les codes de comportement : une messe à laquelle assistent surtout les femmes de vignerons ; une procession sacrée avec transmission symbolique de la statue du saint protecteur du *vigneron bâtonnier* qui l'a gardée durant une année au *bâtonnier* suivant ; un dépôt de gerbe au monument aux morts ; un *repas de cochon* ou banquet fortement arrosé - l'acte social nécessaire à la célébration du saint et du vin ; un bal pour les jeunes.

Les étapes rituelles des fêtes du vin sont accompagnées, en Bourgogne, du patrimoine sacré vigneron composé de nombreuses statues de saints - chaque village ayant la sienne, fabriquée au siècle dernier -, et de petits instruments vitivinicoles que ces statues portent comme autant d'ex-voto. La serpe à tailler la vigne est le plus représenté d'entre eux ainsi que le taste-vin accroché par un ruban au cou du saint. Expressions du syncrétisme religieux vigneron, ces objets patrimoniaux ont sens pour ceux qui ont la foi ; quant aux autres, ils reconnaissent que c'est un grand honneur d'être bâtonnier une fois dans sa vie... Tous ont le même but : honorer le saint et le vin de Bourgogne.

En Provence, des dizaines de confréries sont nées depuis 1950 placées fréquemment sous la protection de saint Marc. La confrérie Saint-Marc de Villeneuve-lès-Avignon, dont l'existence est attestée en 1664, a restauré fidèlement ses rites festifs. A la saint Marc (25 avril) se déroule le procession de *la souco*, - de la souche -, cep de vigne non taillé, arraché de bon matin, « *en signe de sacrifice* ». La souche, en signe de fertilité, est ornée de rubans et de fleurs, portée et « dansée » jusqu'à l'église où une grande messe est chantée ; la souche y est bénite ainsi que des brioches qui seront distribuées, moyennant offrande, au cours d'une procession ; enfin, au coucher du soleil, sur la place de la mairie, la souche est à demi-consumée. Ses restes sont confiés au bâtonnier suivant. Après quoi, on déguste les meilleurs vins en entonnant un chant de grâces.

Le caractère religieux et les aspects sacrés, ici conservés ou restaurés, sont souvent, ailleurs, passés au second plan, quand ils ne sont pas totalement absents dans les fêtes les plus commerciales.

Car la grande affaire des fêtes du vin, ce sont...les affaires. Toutes les confréries vigneronnes, assure Claude Royer, « ont pour fonction essentielle la propagande en faveur du vin de tel ou tel vignoble ».

Dès lors, la fête change de style : la procession suivie se transforme en un défilé spectacle ; le repas des confrères devient un grand banquet ouvert ; les éléments communs à toute fête - concert, bal, jeux, manifestations sportives, spectacles...- envahissent l'espace et le temps, attirent et retiennent visiteurs et touristes dans lesquels les organisateurs voient autant de clients potentiels.

Le plus important, pour les organisateurs, est ailleurs : dans les concours de dégustation, dans les discours à la gloire du vin local, dans la présence de stands de vente où les vignerons négocient leur récolte.

La Saint-Vincent tournante, parce qu'elle est hyper-médiatisée, illustre bien cette dérive marchande. Créée en 1938, cette fête - qui doit son nom au fait qu'elle « tourne » chaque année d'un village à l'autre -, est la manifestation la plus populaire de la Bourgogne viticole. Elle est devenue un espace social et économique tourné vers la vente du vin même si la procession des centaines de statues de saints patrons crée un espace sacré propre à émouvoir la foule présente, même si l'intronisation de nouveaux membres au sein de *la confrérie des chevaliers du Tastevin* semble conserver l'allure élitiste d'un groupe resserré autour des lignages de propriétaires vignerons.

De fait « *le village qui reçoit la Saint-Vincent doit faire face à une organisation monumentale lourde de responsabilités pour gérer la fête* ». Les fêtes du vin nécessitent une gestion difficile, *« des stocks de vin distribués et des foules accueillies »*. Les vignerons dépossédés par leur propre succès, doivent de plus en plus faire appel à des spécialistes en communication, en marketing, à des opérateurs médiateurs, à des « agents de développement, ces passeurs, ces Janus, ces « *tricksters* » (qui) savent circuler d'un monde à l'autre », pour reprendre les expressions dont use à leur égard Christian Bromberger[8].

Le « banquet des vignerons » ne correspond plus à ce qu'il fut. Les vignerons le désertent soit parce qu'ils sont retenus dans leur cave pour y vendre leur vin, soit parce que le prix de participation est trop élevé pour qu'ils puissent y assister en famille. Par contre, prennent place au « banquet des vignerons » les notabilités du monde politique, les présidents d'associations, ceux qui animent l'activité économique et les négociants locaux qui ont retenu des places pour leurs meilleurs clients. Le banquet, auquel assistent des milliers de personnes, devient une affaire de promotion, une opération de prestige pour le millésime, une reconnaissance de l'image de marque de la Bourgogne.

Plusieurs milliers de personnes circulent dans les rues du village fréquentant les caveaux de dégustation. Le public devient dés lors l'acteur principal dans un rapport bipolaire qui n'est plus vitivinicole mais production-négoce.

Les propriétaires récoltants, se faisant négociants à partir de la deuxième moitié du 20e siècle, sont amenés à créer dans toutes les régions viticoles des fêtes commerciales du vin.

2.3 : Les nouvelles fêtes commerciales du vin.

La réorganisation des filières et des techniques de production et de vente dans la vitiviniculture contemporaine n'a ni ignoré ni rejeté le modèle culturel de la fête du vin. Mais, jouant habilement du rapport dialectique tradition-innovation, elle lui a donné, avec une autre fonction, un autre visage. La fête est une construction sociale dont les commanditaires sont divers. A chaque type de commanditaire correspond, plus ou moins, un type de fête du vin. Nous n'allons nous intéresser ici qu'aux seules fêtes du vin commanditées par des vignerons. Ce terme de vigneron, toujours utilisé, recouvre aujourd'hui une réalité différente ; celle du vitiviniculteur qui commercialise sa récolte.

On peut distinguer deux fêtes commerciales du vin :

(1)- La fête commerciale du vin réinventée par les « vignerons » à partir d'un réseau de commanditaires locaux associant instances territoriales, relations professionnelles vitivinicoles et populations locales La fête du vin est alors inventée et construite à partir de gestes festifs patrimoniaux dans une perspective économique et historique affichée.

(2)- La fête du vin, grande entreprise commerciale, inventée et fabriquée par un réseau de partenaires professionnels créant une fête du type « quinzaine commerciale » à une date ou en un lieu qui apparaît commercialement intéressant pour écouler les stocks.

(1)- La fête commerciale du vin réinventée par les vignerons :

Elle se situe dans un village sans tradition de fête vigneronne dans le cadre d'une relance économique. C'est, par exemple, la « fête du terroir et du vin des costières de Nîmes » du village de Générac (Gard) où 150 hectares de « cépages améliorateurs » ont été replantés.

Dans les années 1990, le maire, le président de la cave coopérative, les professionnels de la vigne ont pris pour modèle la fête voisine traditionnelle de la saint Marc de Villeneuve-lès-Avignon en Provence et la reconstituent dans leur village.

La population est associée : elle se costume et participe à l'organisation des festivités. Une confrérie voisine vient pratiquer quelques intronisations. La fête est reconstituée autour de gestes festifs qui font partie du patrimoine historique du vigneron provençal comme celui de la fête de la souche. Le cérémonial n'est pas ici labellisé, comme à Villeneuve, par les expressions « authentique », « historique » ou « depuis 1664 », mais par l'expression « ancienne », caution suffisante pour justifier l'emprunt et la conformité à la tradition.

Durant cette fête la construction de la « vitrine identitaire »[9] vigneronne villageoise s'organise de façon parallèle grâce à l'activité des élus locaux, des propriétaires vignerons et de la population locale. Le village organise spectacles et vente-foire du vin et de produits de terroir ; le journal local fait le reste. Les participants sont toujours plus nombreux depuis dix ans.

(2)- La fête du vin, grande entreprise commerciale :

Plutôt qu'en un lieu donné, elle se situe à une date précise, où les stocks de vin doivent être vendus ; ce qui est, par exemple, le cas en mai. Il en est ainsi des nouvelles fêtes du vin des Costières de Nîmes dont le programme est publié par la presse locale. Celle-ci nous apprend que le 15 mai 1999 s'est tenue dans les caves coopératives et privées de 77 villages vitivinicoles une « Fête de la vigne et du vin ». Les partenaires qui soutiennent l'opération commerciale sont les instances territoriales - Conseil Général, Conseil Régional -, les banques, les comités interprofessionnels, les radios locales. Son but : la dégustation et la vente de vin. Le programme de la journée peut comporter ici ou là une visite de cave, déclinée sous forme de dégustation gratuite ou d'initiation à la dégustation ou d'apéritif. Un autre aspect est la formule « Journée portes ouvertes » avec exposition de matériel, marché de produits régionaux, de produits de terroir, promotion et présentation de vin, repas champêtres. S'y ajoutent, peu fréquemment, quelques invitations plus culturelles : expositions de peinture, promenades en calèche, défilés de costumes à l'ancienne...Durant ce type fête centré sur consommation et vente de vin, aucun geste festif du patrimoine vigneron ! On ne peut que le remarquer.

Concluons à présent sur ce constat : l'irrésistible transformation des fêtes vigneronnes de la vigne en fêtes marchandes du vin traduit l'évolution de la condition vigneronne et, peut-être, l'apparente et inquiétante transformation du vin lui-même. Sur des modèles venus d'outre-mer et des antipodes semble s'imposer aujourd'hui un vin de négociant, un « vin de marque », qui fait fi du terroir, du patrimoine végétal et historique de celui qui faisait son vin parce que, comme ses aïeux, il cultivait sa vigne.

Notes :

[1] « Les dévotes confréries vigneronnes », dans Robert Bailly, *Confréries vigneronnes et ordres bachiques en Provence,* Edisud, 1988, pp.17-24.
[2] Claude Royer, « Les saints protecteurs de la vigne », dans *La vigne et le vin,* édit. La Manufacture, 1988, p.345.
[3] Claude Royer, *Les Vignerons, usages et mentalités des pays de vignobles,* Berger-Levrault, 1980, p.167.
[4] Jocelyne Bonnet, *Sagesse paysanne et ordonnance des représentations du monde,* Thèse de Doctorat, Nice, 1986, 2 vol
[5] Isabelle Picault, *Perte d'une mémoire viticole familiale,* Mémoire de maîtrise en Ethnologie, sous la dir. de J. Bonnet, Université Montpellier III, 1995, p.68-69.
[6] Ainsi les vendanges, comme l'avait déjà remarqué Arnold Van Gennep, n'ont pas évolué en complexe festif traditionnel malgré quelques tentatives de cortèges de fin de vendange au début du 20e siècle à l'initiative de clubs bachiques dans l'Est de la France. Les vendanges dans le sud de la France commencent en septembre, et dans la Provence viticole, le calendrier des fêtes annonce abusivement des « fêtes bachiques », pour rentabiliser les fêtes de village de fin d'été en les juxtaposant à des festivités propres à attirer les touristes. Ces fêtes ne sont pas organisées par les vignerons ; certes, ceux-ci sont appelés à y participer, mais ne le font guère. En réalité, ces fêtes bachiques sont prétexte à des manifestations folkloriques.
[7] A Avignon, au 18e siècle, ont pu coexister sans être confondues, la fête de la vigne de confréries vigneronnes, pour fêter la taille de la vigne, et des fêtes bachiques de confréries de buveurs de vin. Cette coexistence vient de l'histoire même d'Avignon, capitale de la papauté et siège de la confrérie religieuse des Pénitents gris. Au 15e siècle les vignerons vendangeaient jusque autour de l'église « Notre Dame la principale » où poussaient les treilles du « Corps saint ». Les vignerons, qui formèrent en 1423 « la confrérie de purification de Notre Dame », choisirent le 2 février comme jour de fête comme premier jour de la taille du cep, symbolisant ainsi le rapport entre la Vierge mère du Christ fêtant, après son accouchement, ses relevailles, (la « Purification ») et le cep-mère, purifié par la taille des sarments qui permettra la bonne fructification de la grappe
Les membres de la confrérie placèrent au 18e siècle une statue de la Vierge dite « Notre Dame des vignerons » dans l'anti-chapelle des Pénitents Gris où ils se réunissaient. En 1753, les vignerons qui se

retrouvaient là pour souper et danser, furent considérés par les autorités comme une troupe de paysans tapageurs; leur rassemblement fut interdit sous peine de prison.
Plus fortement théâtralisée et christianisée la fête de la vigne a survécu. les vignerons, leur « abbé » élu en tête, nous sont décrits en 1872, portant bougie durant la messe, faisant procession autour de la ville avec leur statue autour de la ville, ils ont également comme emblème une couronne de sarments de vigne taillés, appelée *chapeau de saint Marc.* Le culte des saints protecteurs succédant à celui de la Vierge Marie, saint Marc en Provence devint un saint viticole fêté le 25 avril dont le culte s'est répandu dans le sud est de la France aux 17e et 18e siècles. Considéré comme l'un des saints cavaliers du froid qui sévit à la fin du mois d'avril, il doit protéger les jeunes bourgeons du gel lors des nuits de lune rousse d'avril. Aujourd'hui, la fête vigneronne du 2 février n'attire aucun public. Elle est marquée par une messe suivie d'une procession autour de l'église et accompagnée de vente de pains et de bougies bénits rapportés à la maison. La Vierge des vignerons d'Avignon existe toujours, très sollicitée, parfois même empruntée. On nous raconta qu'elle avait disparu il y a peu et qu'elle revint au bout d'un an. Sans doute une histoire de vigneron !
L'ensemble des ordres bachiques, du 17e au 19e siècle, ont en commun de fêter le dieu païen du vin et de constituer des sociétés de buveurs faisant banquet ensemble. Leurs membres, recrutés parmi les nobles, les militaires et les notables des villes, ignorent les vignerons. Ainsi en fut-il de « l'Ordre de la boisson et de l'étroite observance », créé en 1703 à Avignon par François de Posquières, un ancien officier issu d'une vieille famille de la région, qui en fut le premier Grand Maître. L'ordre bachique d'Avignon diffusait un journal donnant des nouvelles militaires et organisait des banquets avec jeux scéniques qui représentaient la cour de Bacchus. Les meilleurs crus de France, d'Italie de Hongrie et d'Espagne étaient conservés dans ses caves dont la réputation attirait les visiteurs étrangers. Son succès inquiéta l'Eglise; mais peu de temps, car l'ordre disparut, au bout de cinquante ans à la mort de son fondateur.

[8] Ch. Bromberger et D. Chevallier, *Carrières d'objets*, M.S.H., 1999.

[9] J. Bonnet, « La vitrine identitaire, une nouvelle source pour l'étude des recompositions identitaires » dans *De l'Europe, identités et identité*, Presses Université Sciences sociales de Toulouse, 1996, pp. 183-190.

Conclusion

Jocelyne BONNET
Université Montpellier III

L'espace et le temps contribuent à rendre complexe toute tentative d'analyse de l'identité européenne. Ils introduisent, l'un comme l'autre, le pluriel des différences. Ici traditions, là modernité, voire post-modernité ; ici l'aire culturelle méditerranéenne, là l'aire slave, là-bas le monde germanique.

Pourtant l'anthropologue et l'historien constatent qu'existe une civilisation européenne « une », formée d'une série de strates communes. Le monde agraire constitue une de ces strates ; celle dont l'immobilisme – le fameux « ordre éternel des champs » ! - pourrait porter, encore aujourd'hui, malgré d'incontestables évolutions, le meilleur témoignage de l'unicité de la civilisation européenne

Questionner les fêtes et les rites agraires « dans » et « de » l'espace européen, c'est à la fois éclairer cette tension dialectique entre jadis et aujourd'hui et mesurer l'efficacité des rites qui, par la quasi-sacralisation de mises en scène, de gestes et de propos, s'avèrent les agents les plus efficaces de la transmission de traditions qu'ils contribuent à rendre patrimoniales et identitaires.

L'étude comparative présentée ici révèle l'existence, dans l'espace européen, d'un temps long des fêtes agraires. Peut-être même un très long temps qui nous renvoie au plus lointain passé.

Une approche « folk-ethno-historique », utilisant conjointement les sources de ces trois champs, permet de distinguer trois périodes dont on peut lire encore aujourd'hui une présence qui donne aux fêtes agraires leur caractère syncrétique. Raison pour laquelle on peut parler à leur sujet, comme Michel Vovelle (1976) mais sur un autre registre, de métamorphose.

Sous l'influence de la Chrétienté médiévale, les XVIIe et XVIIIe siècles ont connu des fêtes agraires de naissance religieuse, rythmées par le temps calendaire chrétien qui leur conférait une sacralité médiatisée par les intercesseurs-saints de la vigne. Dans les fêtes du blé persiste l'influence antique personnalisée par Déméter qui prend le plus souvent le visage de la Vierge Marie.

Sous l'effet des crises révolutionnaires, des crises économiques et sociales, les XIXe et XXe siècles apportèrent de profondes transformations qui dynamisèrent les fêtes agraires autour de productions d'industries agro-alimentaires, autour de techniques mécanisées, autour de symboles plus laïcs.

L'impératif vital de vente crée, aux XXe et XXIe siècles, de nouvelles fêtes agraires à objectif commercial. Certes, celles-ci prolongent, transforment et peuvent remplacer les fêtes traditionnelles. Aussi aux fêtes contemporaines traditionnelles restaurées, revitalisées, attirant spectateurs et touristes, s'ajoutent des fêtes agraires commerciales, attirant clients et consommateurs, qui empruntent cependant au passé quelques rites garants de leur succès.

Certes le monde rural est, dit-on, en voie de disparition comme l'Europe serait en voie de déchristianisation. Le premier constat, apparemment statistiquement indiscutable, est démenti par la vitalité des fêtes agraires d'aujourd'hui, plus nombreuses. La seconde affirmation est à nuancer. Les fêtes agraires sont marquées d'une effervescence religieuse plus pré-chrétienne que chrétienne. Cette vitalité religieuse s'attache à des lieux, dates, paroles, gestes techniques, éléments décoratifs que sacralise aujourd'hui leur rapport symbolique à l'inconscient collectif. Créatrices de « rites profanes » (Rivière, 1995) qu'elles sacralisent, les fêtes agraires témoignent du « phénomène rituel » (Turner, 1969) auquel de futures recherches devront être consacrées. Elles sont, à leur façon, une « vitrine identitaire » (Bonnet, 1996).

En centrant l'analyse sur les rapports qu'entretiennent rites et fêtes - rites répétitifs par essence et fêtes agraires contemporaines - cette étude permet de mieux mesurer ce que ces fêtes doivent à une transmission multiséculaire. On découvre, au terme d'une enquête régressive, des phénomènes résiduels mais profonds, issus de cultes agraires qui se rattachent aux civilisations premières. Certains verront là les traces d'un culte agraire européen.

Références bibliographiques :

- Bonnet J., 1996, « Les vitrines identitaires », in Ch.-O. Carbonell, *De l'Europe. Identité et identités*, Toulouse : Presses de l'I.E.P.

- Rivière C., 1995, *Les rites profanes*, Paris : P.U.F.

- Turner V. W., 1990 (1969), *Le phénomène rituel : stucture et contre-structure*, Paris : P.U.F.

- Vovelle M., 1976, *Les métamorphoses de la fête en Provence*, Poitiers : Aubier-Flammarion.

591504 - Décembre 2014
Achevé d'imprimer par

1livre.com
du rêve à la réalité !

Made in United States
Orlando, FL
04 November 2026

90200708R10149